U0161905

数字创意大师

Alias

二维与三维概念设计工作流浅析

丁宁　王锴　编著

机械工业出版社
CHINA MACHINE PRESS

本书以Autodesk Alias 软件在三维造型设计中的应用为切入点，分析了目前造型设计师在日常工作中遇到的三维造型设计方面的挑战，介绍了Alias在数字草绘、快速建模、参数化辅助设计以及可视化渲染方面的功能优势，着重讲述了在前期概念设计流程中设计师通过Alias快速地实现从二维到三维转化的过程，以及如何在转化过程中创造新的造型语言。本书插入了许多实验性样例，可帮助设计师更好地理解用二维与三维交互的方式进行创新设计的方法和理念。

本书可供汽车前瞻设计师、工业设计师及建筑设计师使用，也可供设计院校的师生参考。

图书在版编目（CIP）数据

数字创意大师：Alias二维与三维概念设计工作流浅析 / 丁宁，王锴编著. — 北京：机械工业出版社，2021.4
ISBN 978-7-111-67564-8

Ⅰ.①数… Ⅱ.①丁… ②王… Ⅲ.①工业产品 – 造型设计–计算机辅助设计–应用软件 Ⅳ.①TB472–39

中国版本图书馆CIP数据核字（2021）第032351号

机械工业出版社（北京市百万庄大街22号 邮政编码100037）
策划编辑：张雁茹　　　　　　责任编辑：张雁茹
责任校对：张 征 李 婷 责任印制：李 昂
北京瑞禾彩色印刷有限公司印刷

2021年5月第1版第1次印刷
210mm×285mm · 14印张 · 2插页 · 308千字
标准书号：ISBN 978-7-111-67564-8
定价：128.00元

电话服务　　　　　　　　网络服务
客服电话：010–88361066　机 工 官 网：www.cmpbook.com
　　　　　010–88379833　机 工 官 博：weibo. com/cmp1952
　　　　　010–68326294　金 书 网：www.golden-book.com
封底无防伪标均为盗版　机工教育服务网：www.cmpedu.com

序

很高兴接受丁宁先生和王锴先生的邀请，为他们的新书《数字创意大师——Alias二维与三维概念设计工作流浅析》作序。

本书的作者之一丁宁先生具备扎实的行业知识与专业技能，而且熟知汽车行业的前期造型设计流程。入职Autodesk之前，丁宁在上海通用泛亚汽车技术中心Advanced Design Studio担任前期设计师，有数款概念车及量产车外形和内饰的前期设计经验。加入Autodesk之后，他便负责Alias的推广工作，将这款优秀的产品造型软件推广到了国内几乎所有的汽车主机厂。出色的技术能力以及对行业动态的持续钻研，使得他在汽车造型界的影响力与日俱增。

在2020年这个充满变化的年度，Alias的这个小圈子也需要一些改变。用户之前总是抱怨，在市场上找不到一本容易理解并结合实际应用场景的书籍，使得很多初学者面对Alias这样一款高端软件时望而生畏。看过本书的初稿后，我感觉用户的抱怨可以消除了。

Alias每年都有新的版本发行，其中包含了很多新的技术，例如SUBD、三维胶带图、参数化设计等。这些功能都在持续帮助设计师专注于设计本身，而非将很多精力放在研究软件上。本书结合Alias近期发布的一些新增功能，以及作者自身对这些更新的深入研究，展现了资深设计师的深邃视角。

由于Alias面对的读者主要是汽车外观造型的模型师和设计师，因此整本书充满艺术气息，非常符合读者的阅读期待和体验。在本书的编排过程中，也诠释了作者对细节的精益求精，力求完美。本书的图文编排赏心悦目，匠心独具。希望读者在吸收本书中包含的知识之后，也可以考虑将它收藏在书架中，时常温故而知新。

在工业设计的时代发展大背景下，Alias作为一棵常青树发挥着越来越大的作用。这离不开像丁宁和王锴这样不忘初心的传播者，也离不开千千万万致力于奉献给设计事业的设计师们。

刘红政　博士

写在前面的话

你会如何开始你的设计？从一个意象、一张草图，抑或是手边的一个模型？

相信很多设计师投身于设计行业是缘于一种触动，什么样的触动呢？当我们看到美的东西时，例如优美的产品造型，壮观大气的建筑表面，道路上动感流畅的车身曲面，影视游戏中令人血脉偾张的飞行器设计，心中就会本能地产生一种激动。

做得真棒！我也想做出这样的作品来。

其实就是这样一个原始的初衷，看到了好的东西，进而自己也想要做出好的东西。这样一种简单的想法，就可能成为我们投身于设计行业的最深层的动机。

为物赋形，在满足功能需求的基础上，使其外观优美、合理，这是一个美妙而艰辛的创造过程，设计因此变得既富于挑战又充满乐趣。而设计从来都是一个与技术紧密相关的行业，尤其是涉及造型设计的行业。在现在所处的时代，我们很幸运地拥有了强大的数字化技术，数字化技术为我们提供的不仅是方便高效的工具，更是能释放设计师想象力和创造力的工具，可帮助设计师提升自身的能力。

我们通常认为设计工具是帮助提升工作效率的，不太会注意到设计工具本身也能激发出我们的创造力，甚至释放我们的潜力。事实上，设计师与设计工具在一定程度上可以形成一个强大的设计系统。在本书中，我们会结合Alias软件，尝试探讨在造型设计领域的设计师如何通过"人-工具"构建一个强大的设计体系，使我们的三维造型能力显著增强，并稳定地输出高质量的递交物。

在汽车设计领域、工业设计领域、建筑设计领域，乃至影视及游戏设计领域，虽然行业不同，但对迫切提升设计师三维造型能力的需求是一致的。本书会重点讲解汽车设计领域，因为汽车设计是工业设计中对造型设计要求最高、流程最复杂的行业之一，汽车造型设计流程中的应用经验对其他行业会有一定的借鉴作用，一些做法甚至可以推广到工业产品造型设计乃至建筑造型设计中去。

好，读者朋友们，那就让我们开始这段三维创意设计的旅程吧！

编著者

目 录

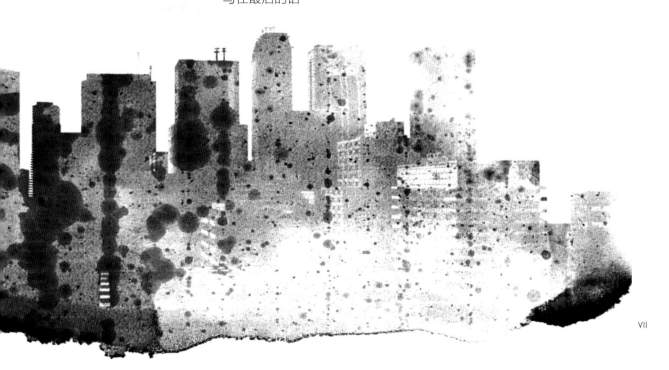

第 1 章

关于 Alias

Autodesk Alias 系列软件是目前世界上最先进的工业造型设计软件之一，是全球汽车、消费品造型设计的行业标准设计工具。全套软件提供了从早期的创意草图绘制，造型设计，正、逆向建模，渲染、视觉评审，一直到制作可供工业采用的最终模型的各个阶段的设计工具。

现今的工业产品造型日趋复杂，讲求流线型和美感。产品设计师对CAD软件的要求也越来越高，一般传统的CAD软件，给设计师曲线和曲面处理的工具有限，不能满足造型设计师的需要。Alias软件从本质上区别于CAD类软件，它位于产品设计的前端，其价值在于对外形设计的高自由度及高效率。

Alias软件是一款非常独特的产品，它一方面让设计师可以全面地发挥创意，自由造型，另一方面又可以保证设计出来的型面拥有极高的精度，可以用于详细的工程设计与生产制造。它巧妙地将设计与工程串联起来，让整个设计流程天衣无缝，成为全球工业设计师梦寐以求的设计工具。应用Alias软件，可以进行上至飞机，下至火车、汽车、日用消费品等各种产品的造型开发设计。

1.1 Alias 的发展历程

•1983年

在数字图形界享有盛誉的史蒂芬（Stephen Bindham）、奈杰尔（Nigel McGrath）、苏珊·麦肯（Susan McKenna）和大卫（David Springer）在加拿大多伦多创建了数字特技公司，研发影视后期特技软件。

由于第一个商业化的程序是有关anti _ alias的，所以公司和软件都叫Alias。

•1984年

马克·希尔韦斯特（Mark Sylvester）、拉里·比尔利斯（Larry Barels）、比尔·靠韦斯（Bill Ko-vacs）在美国加利福尼亚创建了数字图形公司，由于爱好冲浪，所以公司起名为Wavefront。

•1990年

Alias股票发行上市。其软件产品分成Power Animation和工业设计产品Studio两部分。

•1991年

Alias发布的Auto Studio成了汽车设计的工业标准。

ILM生产的《终结者2：审判日》大获成功，其中液态金属人的制作使用了Alias软件。

•1993年

Alias与Ford公司合作开发Studio Paint，成为第一代计算机喷笔绘画软件。

•1994年

Alias Studio彻底改变了底特律汽车设计的方式。

汽车生产商用户包括GM、Ford、BMW、Volvo、Honda、Toyota、Fiat、Hyundai、Isuzu、Nissan 等。

•1995年

Alias与Wavefront公司正式合并，成立Alias|Wavefront公司。

•1996年

Alias|Wavefront公司的软件专家Chris Landrenth创作了短片*The End*，并获得了奥斯卡最佳短片提名。

•1997年

工业设计方面推出了新版本软件，如Alias Studio 8.5等。

•1998年

Alias|Wavefront公司的研发部门受到奥斯卡的特别奖励。

•1999年

Alias|Wavefront公司将Studio 和 Design Studio 移植到NT平台上。

•2006年至今

Alias在2006年进入 Autodesk 的产品线中，并开启了全新的重生之路，经过10余年不断的发展完善，如今已经成为汽车数字造型设计领域的行业标准。

自由高效的概念设计

Alias 软件可帮助设计师在数字环境中探索创新设计概念。Alias 可使用集成二维/三维工作流创建草图和概念模型，并可灵活地创建各种极具吸引力的设计，引起客户的共鸣。其使用全新的参数化设计工具以前所未有的速度探索和迭代设计。Alias中的参数化设计可加快实现不可能的形状。

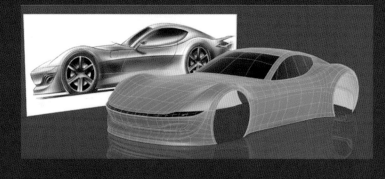

SUBD细分曲面建模

在Alias 2020版本中革命性地加入了Sub-division细分曲面建模模块，该项技术可以将Polygon多边形建模的优势与传统NURBS曲面建模的优势完美地融合在一起，极大地提升了概念建模的效率，在方案迅速变更的同时也保证了曲面数据的精确性。更重要的是，Alias就此开放了一个概念设计师和数模设计师联合工作的平台，让方案的探讨不再停留在二维指导三维的现状，直接跨越到三维平台的沟通。

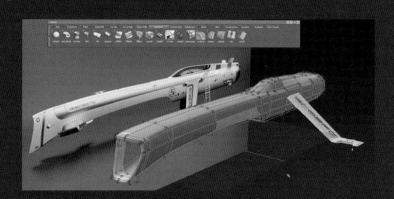

三维设计建模

Alias 通过富有创意的迭代建模过程可帮助设计师快速将设计从概念转化为现实，从而将创意转变为三维形状。其使设计师可以借助一套全面的曲线建模工具，使用 NURBS 数据进行建模并操纵三维形状，而无须重建几何体。

精确的曲面建模

Alias 软件为设计师提供了构建高质量 A 级曲面、优化创意设计细节和创建可投产的技术曲面所需的工具。这些工具可确保 G3 连续性、曲面对齐、曲面评估以及选择创建 Bezier 或 NURBS 几何体，在可控范围内快速、准确地完成所有操作。

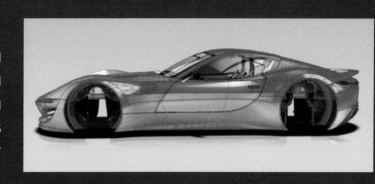

Computational Design 参数化设计

在Alias 2019及2020版本中集成了Dynamo参数化设计模块，可以帮助设计师利用图形化编程的技术，参数化地驱动数模构建，并和Alias数模实时地保持更新。

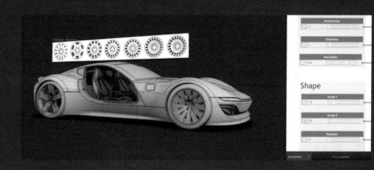

VR 实时立体评审

Alias 2019及2020版本也支持VR立体评审，设计师和数字模型师可以在数据创生阶段就直接在虚拟现实环境下，以1∶1的真实比例直接观察数模状态，并且可以直接在数模上进行修改，及在VR环境下查看修改的结果，极大地提升了设计效率和设计递交物的质量。

1.3 Alias 的应用范围

设计

概念草图及效果图
Concept Sketch & Rendering

概念建模
Concept Modeling

可视化评审
Design Visualization

Alias

工程

油泥模型
Clay Modeling

A级曲面
Class A Surfacing

工程设计
Engineering

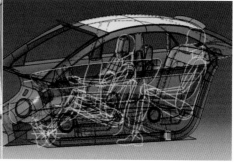

上图是汽车设计的关键流程节点。Alias贯穿整个汽车设计流程的始终，它可以协助完成从概念草绘到A级曲面发布的整个流程，尤其是流程中最核心的概念建模即CAS（Computer-Aided Styling）阶段和最终的A级曲面（Class A Surfacing）阶段。伴随着这个流程，整个数据链都是围绕Alias软件不断裂的，也就是说设计数据从二维草图产生开始，就一路走向设计数据发布，Alias在其中不只是担当建模软件的角色，而是作为设计管道或者设计平台而存在的。

一方面，车身美学、汽车性能、空气动力学、光顺性、精确性和曲面连续性的要求都非常苛刻，需要高质量的车身曲面才能实现。另一方面，从制造加工的角度来说，高质量的车身曲面可以降低制造加工难度、缩短加工周期和降低制造成本。因此，在车身曲面造型的前期，必须对曲面的品质进行检查、评估和优化，以建立高质量的车身曲面。为了创建高质量的车身曲面，近年来，在整个汽车开发流程中，有一工程段被称为A级曲面工程，用来确定曲面的品质是否符合A级曲面的要求。

所以Alias的特别之处是它可以连接二维与三维、设计与工程，一端是感性的、天马行空的创意，另一端是理性的、精密复杂的产品。当你和它接触久了就会发现，Alias处处闪耀着创意的光芒，浸透了设计师的基因，称得上是一款伟大的产品。

在Alias这个设计平台上，设计师可以创造二维、三维结合的草图和效果图，甚至可以直接用VR设备绘制三维的立体草图。设计师和模型师可以同时快速构建三维数模，并可以借助VR立体地看到1:1比例的设计方案。数模可以通过油泥数控切削变成物理验证模型，在油泥上推敲之后扫描成点云数据，再次返回到Alias当中做逆向，在不断的数字和油泥的验证当中，由Alias完成最终的A级曲面发布。在这个过程中，Alias充当了造型设计的"高速公路"，让设计创意一路畅通地转化为设计作品，再经工程设计、生产制造，变成产品出现在消费者眼前。

1.4 Alias 模块介绍

我们常说的Alias通常是指Alias AutoStudio产品。但实际上Alias的完整产品线包括Alias Concept、Alias Surface和Alias AutoStudio。

其中，Alias Concept主要偏向于消费品设计和汽车前期设计。Alias Surface则专门面向数字模型师（Digital Sculptor，也称为数模工程师或数模设计师），用于制作概念草模和A级曲面。而Alias AutoStudio则拥有完整的模块，是一个软件套件，其中还包括Sketchbook、Maya和VRED Design，可以帮助汽车设计师和数字模型师完成从概念草图到概念草模直至A级曲面的整个设计流程，并可以通过VRED进行实时可视化评审和渲染。

刚开始接触到Alias AutoStudio时，我曾经有一个野心，妄想能够做到从草图开始，建模，做动画，直至做到A级曲面，但是到了后来，发现这并不是特别现实，亦不是非常必要。Alias AutoStudio是要在企业的流程中，由设计师、数字模型师、工程师一道配合才能最大化其效用，并不是一个人单枪匹马地来使用的。

SKETCHBOOK PRO

VRED

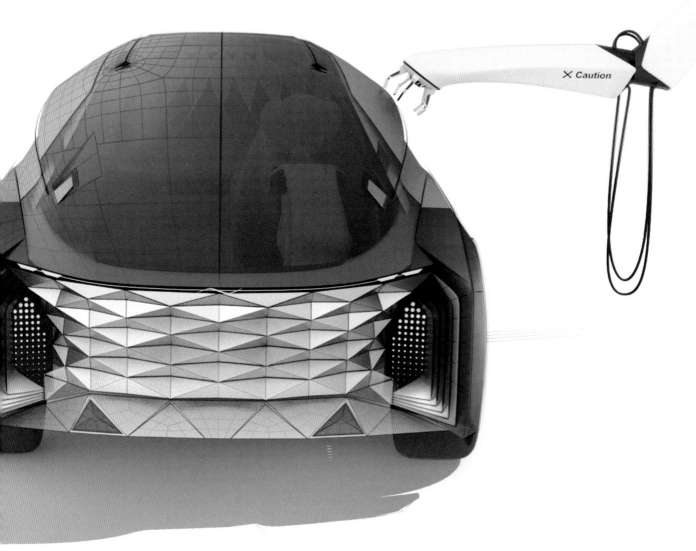

X Caution

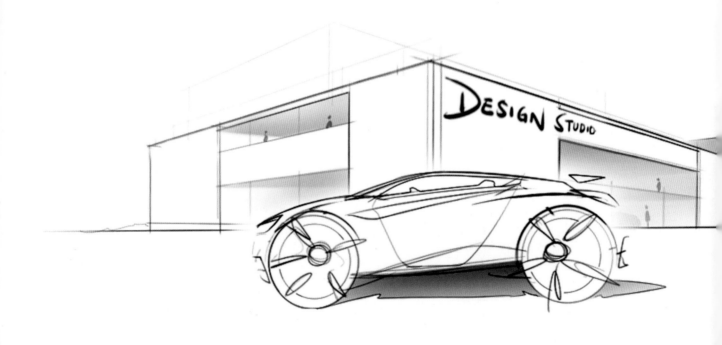

DESIGN STUDIO

第 2 章

汽车前瞻设计之造型设计

前面介绍Alias的时候提到了汽车设计中的关键流程，如概念建模、A级曲面等，对生活在数字时代的汽车造型设计师们来说早习以为常了。然而正像百年汽车工业正酝酿着巨大的变化一样，身处一线的汽车设计师们的工作方式也同样面临着变革。

本章我们将走进汽车前瞻设计中去，一起看看前期造型设计师们都在干些什么，有没有什么特别困扰他们的事情。什么样的变化正在酝酿，有哪些标准在慢慢松动，有哪些趋势在慢慢形成。

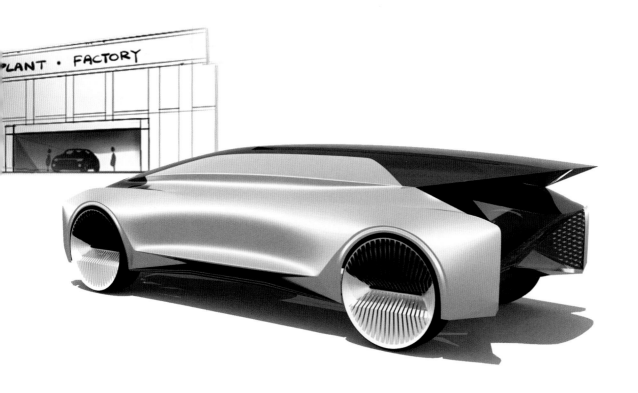

2.1 关键角色

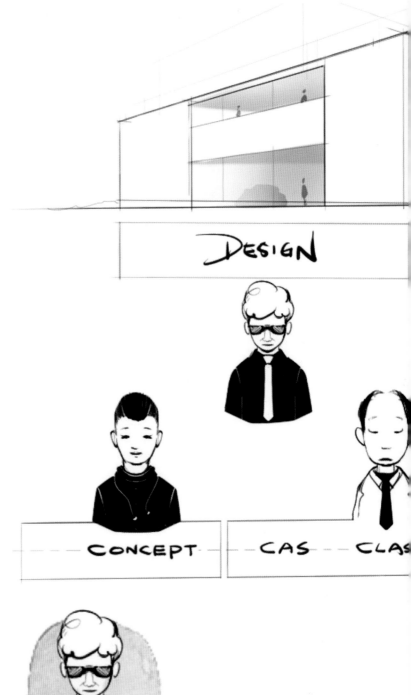

让我们把视线投向一个比较典型的汽车设计研发中心。我们用一个形象的图示较为精简地描述了这个研发中心的核心职能模块和核心角色，其中包括设计部和工程部两个部门，各部门分别设有设计总监和工程主管，设计总监旗下又包含造型设计师和数字模型师。

上面这个酷酷的形象就是造型设计部门的掌门人——设计总监。

设计总监是非常重要的角色，虽然在本书中不是主角，但在现实世界中，他的眼光、品味甚至评审习惯，都会对递交物的形式和质量有着决定性的影响。他掌控着整个设计流程，是整个Design Studio的灵魂人物。

上面这两位才是本书中的主角。左边这位精神奕奕、新潮时尚的是造型设计师；右边这位扎实肯干、稍显憔悴的是数字模型师。他们是设计研发的真正主力，本书的主要内容都是围绕着他们展开的。

先从我们的主角之一——造型设计师开始介绍吧。

高超的手绘技术，良好的审美品位，对汽车设计深刻的理解，良好的三维造型能力及天马行空的创意，对用户行为分析预测的能力，好的造型设计师是一个当之无愧的多面手。

造型设计师负责整车内外饰及车身附件的设计，当然他的实际工作不止于此，本书中我们将重点关注前期造型设计这个领域。

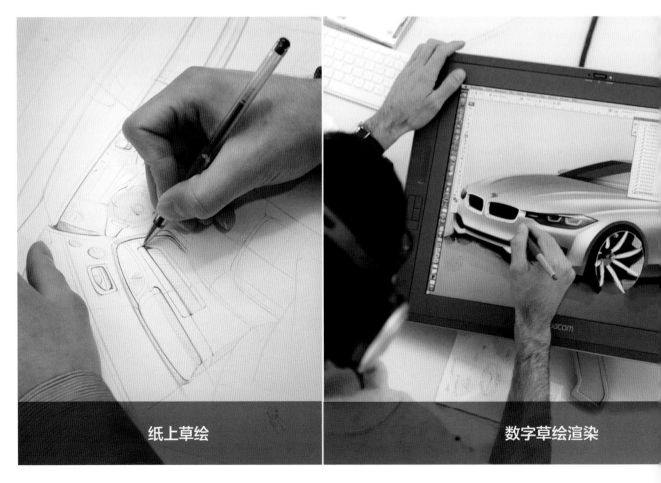

纸上草绘　　　　　　　　　　　　　　数字草绘渲染

通常造型设计师会重点参与到前期造型设计工作流程中的几个核心流程。

纸上草绘阶段

基于传统手绘技法，用简单快捷的表现手法，自由地在纸上、速写本上进行二维
概念草绘，快速表达设计创意。

数字草绘渲染

基于纸上概念草图，利用数字化绘图工具对设计概念进行推敲和完善，最终输出
富有表现力的方案效果图。

概念草模阶段

配合数字模型师一道将二维效果图转化为三维数字模型，并在二维转三维的过程
中不断优化设计方案，完善细节。

二维效果图转化为三维数字模型

通过上面的照片我们可以一窥汽车设计师日常工作的场景。想象这样一个画面：清晨，走进Studio，和同事道个早安，在茶水间冲上一杯咖啡，回到自己的大工作桌前，C系列或者N系列的Copic马克笔摆在手边，洁白的马克纸铺在眼前，Wacom的手绘屏亮起，戴好心爱的专业耳机，开始播放心仪的音乐，随着音乐缓缓播放，设计师的笔开始在纸上、屏幕上挥洒，灵动的线条开始流淌、编织，绚烂的色彩和光影开始铺洒、凝结，帅气的设计草图慢慢浮现在纸上或屏幕上……

这是一个非常理想化的画面，相信很多职业设计师都会反对，哪里有这么美好，你们不和工程师吵架吗？难道你们没有焦头烂额地找图凑PPT吗？我承认上面的描述只是汽车设计师的高光时刻，但不可否认，正是这样的意象让设计师们热爱着自己的工作，创造的过程是艰辛的，但也是美妙的。

不过大家从上面的画面中可以发现一个细节，就是无论是纸上草图还是数字草绘，这些设计师的工作方式基本上还是以二维设计为主，也就是他们仍然局限在平面上的推敲和表现。

2.2 谈谈二维草绘

下面我们花一些篇幅来谈一下二维草图。

草图、效果图在汽车造型设计、工业设计乃至建筑设计中都是非常重要的递交物。手绘能力作为汽车造型设计师的核心技能，其重要性怎么强调都不过分。在二维平面内表现立体，甚至表现出氛围感和意境，草绘是一种神奇的表现方式。无论数字技术发展进化到什么程度，基于一支笔、一张纸的纸上草绘都不会过时。

手绘的技能可以最直接地体现出设计师的基本功和设计意识。手绘是很难投机取巧的，"行家一出手便知有没有"，良好的手绘技能背后是扎实的、大量的基本功训练，它训练的是设计师的心与手、手与笔的协调统一，一个心中的想法通过手中的笔呈现在纸面上，纸面上出现的图案同时再与心做同步的交流。这是一个无比精妙的交互与配合过程，考验的是心手配合的功夫，更考验设计师的眼光、设计意识和理念，最后归于设计师的设计功力。

虽然本书中大部分内容都与三维数字化技术有关，但大家也会发现二维草绘技术贯穿其间。手绘是设计师的"根"，即便是在三维设计中，设计师手中的笔也还是牢牢握着的。

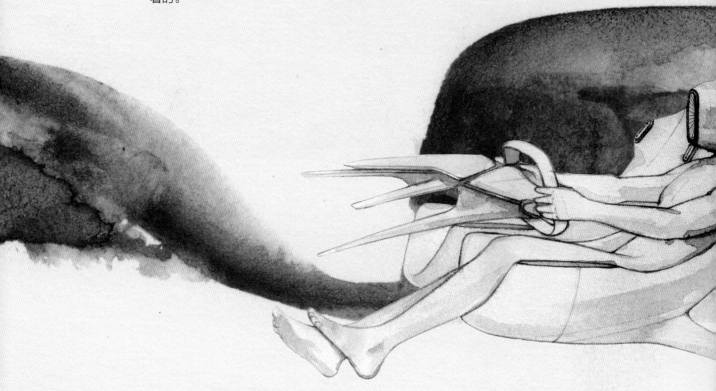

2.2.1 传统二维草绘

传统纸上草绘是设计师的基本功，是与造型设计相关专业的从业者们不可逾越的必修课，并值得设计师在整个职业生涯中去训练和完善。最简单的方法往往是最有效的，一支笔，一张纸，用最少的材料去创造最多的东西，小到一个按键，大到一座摩天大厦，没有什么是手边的纸笔表现不了的。现在设计师们更喜欢利用数字化工具来代替传统的手绘，这也无可厚非，但手绘有着数字化工具不可替代亦不可比拟的精妙之处，你练习得越多，功夫下得越深，对于手绘的妙处就体会得越深，受益也越多。

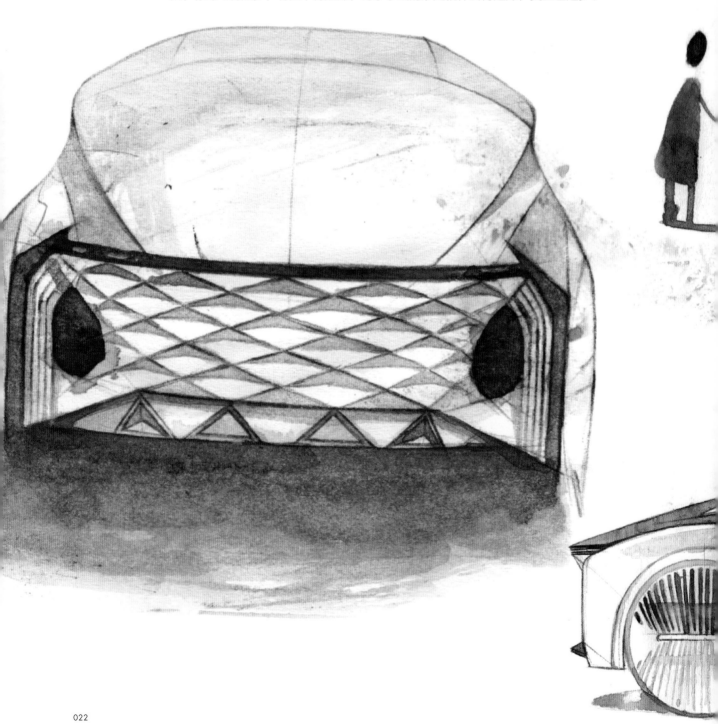

纸上草绘与数字草绘或者数字建模并无矛盾，很多时候反而是互相促进的。从个人角度而言，我推荐设计师尽可能用最简单的画材和技法来表达创意。我始终对动辄在桌上铺开几十支各种颜色的马克笔声势浩大地画图的设计师颇有成见，我总认为在概念草绘时，灵感转瞬即逝，哪里容得你精挑细选、浓妆艳抹的，一根彩铅或者圆珠笔，加上几支隔色的灰色系马克笔，试问有什么东西是他们表达不了的吗？

"逸笔草草，恰到好处，与物传神，尽其妙也"，这是纸上草绘追求的境界。即便是手头工具很简单很朴素，也依然可以创作出丝毫不逊于用数字化工具所制作的递交物出来。

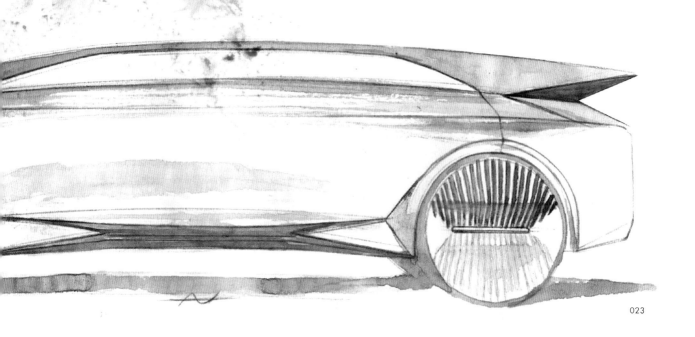

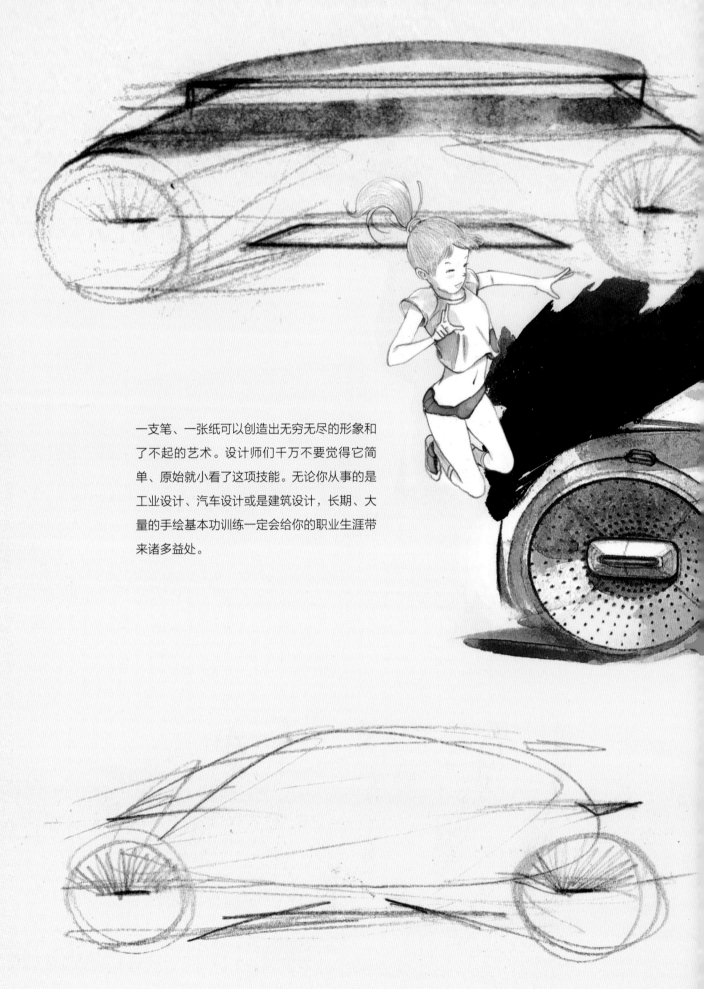

一支笔、一张纸可以创造出无穷无尽的形象和
了不起的艺术。设计师们千万不要觉得它简
单、原始就小看了这项技能。无论你从事的是
工业设计、汽车设计或是建筑设计，长期、大
量的手绘基本功训练一定会给你的职业生涯带
来诸多益处。

纸上草绘是直接的、简洁的，更是生动的，寥寥几笔就可以把设计的精气神表达到位。它也可以和数模结合在一起变成三维的"立体草图"。

纸上草绘与三维数模场景相结合的样例展示（一）

纸上草绘与三维数模场景相结合的样例展示（二）

基于三维草模的纸上草绘样例展示

2.2.2 数字草绘的优势

随着数字技术的发展，越来越多的设计师都开始采用数字草绘了。数字草绘可以通过绘图软件配合Wacom的手绘屏、手绘板系列硬件来做到。数字绘图可以真实模拟手绘的感觉并创造出视觉效果令人惊叹的平面递交物，并且可以随时随地修改、变形，添加光影、色彩，这也是目前多数汽车设计师都使用数字绘图的原因。

在学生时代，我们都对车厂发布的"官图"向往不已，孜孜不倦地临摹学习。但当我进入企业，经历过实际的项目之后，对图的理解产生了变化，不再片面地追求流光溢彩、效果酷炫的"官图"，反而对项目中简洁高效的"过程图"情有独钟。原因之一是在设计项目中，尤其是在二维转三维的过程中，并没有太多时间和精力去渲染、雕琢那些美轮美奂的二维作品。设计师需要关注的是三维作品的质量而非二维作品的炫酷，反而是中间那些不断修改迭代的草图，充满了即时设计的美感，深藏设计师的品位与功力。"书初无意于佳乃佳尔"，设计草图的魅力就在于此了，但通常这部分图是非从业者们看不太到的，而往往是这部分"见不得人"的草图决定了设计的关键走向。

本节展示的草图和效果图都是利用Alias绘制的。后面的章节会详细介绍如何利用Alias来绘制草图，这里暂不详述，就先分享一些样图，帮助大家理解为什么有必要学习Alias的草绘功能。

首先请大家谅解的是，因为个人绘图风格的原因，本节展示的这些草图风格都有点"清汤寡水"，太过素淡了，但不代表Alias绘制的草图就是这样的，Alias同样可以绘制光影绚烂的草图和效果图。

值得一提的是，所有这些草图都是"三维"的过程图，或者更准确地说，它们的背后都有一个三维数模存在着，都不局限于当前的角度。另一方面，它们都是"活"的草图，它们指导着三维设计，并且随着三维数模的更新而更新，大家看到的只是设计进行中的一个瞬间，它们都是"未完成"的作品。

这些草图可以变得光影绚烂、流光溢彩，但在项目中它们更重要的职责是指引三维建模的方向，所以在绘制的过程中，我倾向于用最简洁朴素的方式，尽量用最少的精力来完成。但我会确保绘图的精确性，它必须是可实现的，线条务必精准，型面务必清晰明确，我会借用已有数模作为参照，甚至会利用已有数模进行预渲染来获得真实的光感，这些手段都可以确保工作效率和表现的准确性。

本页的草图也是基于数模的三维过程草图，三维模型会根据草图作调整，草图也会根据三维模型的最新状态再作更新。它会根据项目的进展不断地保持更新迭代，确保多角度的实时更新，并确保多个视角描述的是同一设计，不会出现一张效果图一成不变地被从头用到尾的情形。

Alias数字草绘与三维数模场景相结合的样例展示（一）

Alias数字草绘与三维数模场景相结合的样例展示（二）

基于Alias三维数模的空间概念设计草图（一）

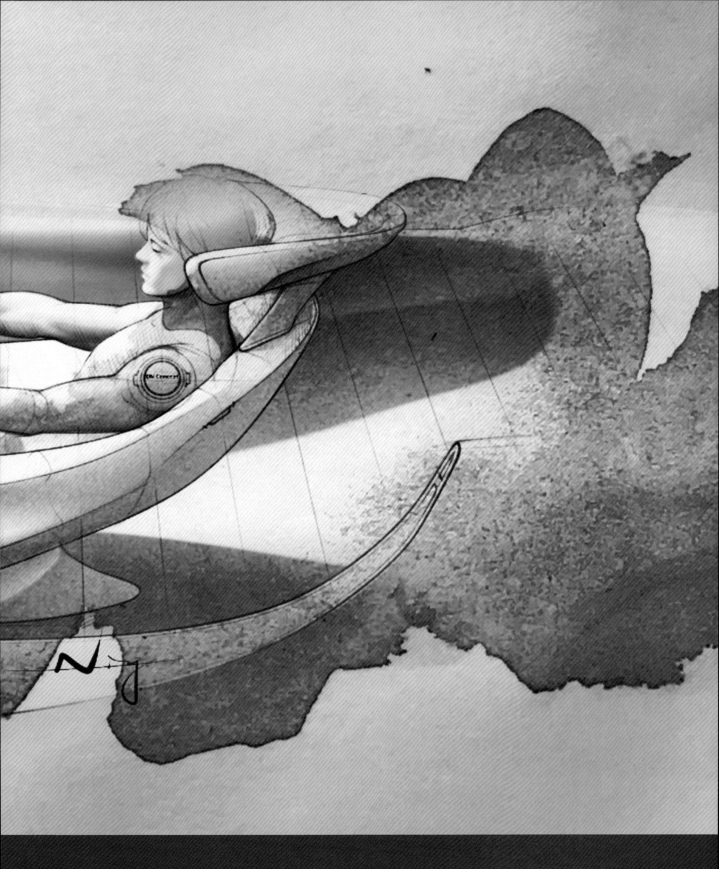

基于Alias三维数模的空间概念设计草图（三）

2.3　数字模型师

本书的另一个主角登场了，就是我们的数字模型师。

他的工作非常重要，需要协助设计师将二维草图转化为三维数字模型。他要有非常强大的三维空间想象能力，将二维数据制作成三维数据，同时要确保曲面的质量，对曲面的高光和面的连续性进行严格的控制，并牢牢守住苛刻的工程条件。数字模型师连接了艺术与工程，起到了重要的承上启下的作用。

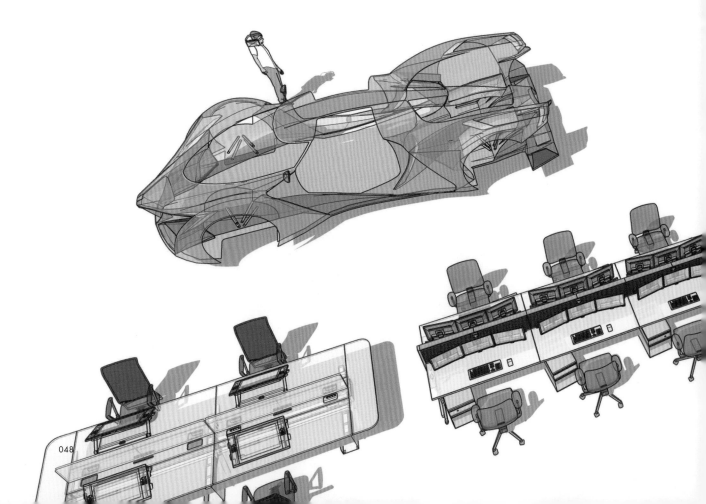

除了将二维草图、效果图转换为三维模型之外，
数字模型师还有一个重要的工作——制作A级曲
面，即在项目进行到一定阶段，设计冻结之后，
完成最后一版曲面数据的制作。

A级曲面是最重要的设计递交物，是整个设计过
程的最终交付物，是所有设计人员心血的结晶。

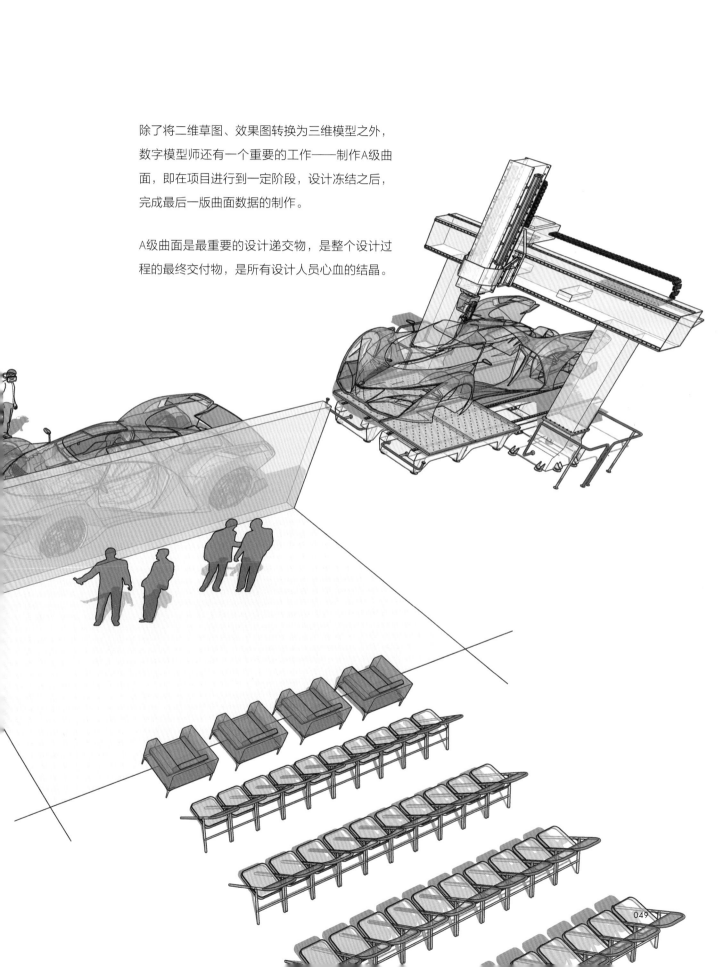

数字模型分为概念模型和A级曲面。其中，制作概念模型（Concept model）的过程会被简称为CAS（Computer Aided Styling），即计算机辅助造型，通常被称为正向设计。汽车A级曲面是指满足设计审美要求、曲面内部质量要求、工程布置及后续结构设计要求和模具制造工艺要求的可见车身外表面。

以上对A级曲面的定义并不绝对，我们通常指车身外饰及内饰的可视的外表面，但事实上，有些车企出于对曲面质量或者车身空气动力学的考虑，也会将不可见的部件表面做成A级曲面，例如奔驰某款SUV的底盘盖板是非可见外表面，但它对车身的空气动力学参数有一定的影响，所以依然被按照A级曲面的标准去制作。

A级曲面必须满足造型设计的所有要求，并满足工程设计以及法律法规的所有要求。想象一下有这样一座山峰，山的一面是造型设计，另一面是工程设计，而A级曲面就是这座山峰的顶峰。

A级曲面部分是值得大书特书的一个专门话题，但由于本书重点探讨的是前期设计，所以这部分的内容就点到为止，恕不详述了。

CAS数字模型师平时的工作很多时候都是在设计师的陪伴下进行的，他们需要随时对数模的状态进行沟通。在把设计师的二维草图转化为三维数模的过程中，设计师和模型师需要频繁地基于数模进行探讨和调整，所以画面上这种指手画脚的场面在设计师和模型师的工作日常是经常出现的。

事实上这样的场景背后经常隐藏着一些不和谐的因素。可以看出CAS概念设计并不是一个人的工作，它是一个由设计师和数字模型师通力协作的过程。这个过程非常坎坷，非常艰难，是一个不断尝试、试错，再不断调整、优化的过程，期间少不得磕磕绊绊，乃至推倒重来，但同时经过不断尝试，困难会一个一个地被克服，无数次的山重水复疑无路，无数次的柳暗花明又一村。

下面的章节就会为大家分析为什么在二维转三维的过程中困难重重。如何能让这个过程变得顺畅、高效呢？

第 3 章

二维到三维的转化

3.1 二维转三维之痛

设计师和数字模型师的密切配合始于一张二维的设计草图。

一张炫酷的设计草图或者效果图会有助于通过设计评审，赢得总监的青睐，但如果想让方案继续走下去，就必须确保方案能在三维空间内再现。这就需要设计师和数字模型师通力协作，将二维草图转化为三维模型。

二维转三维，平面到立体，不仅仅是增添了一个维度那么简单，一张平面的草图其实涵盖了很多东西。以一辆汽车的外饰草图为例，草图包含了车子的比例、车姿、特征线、设想的高光和反射，以及最重要的设计师对该设计的意象，如前面第2章介绍的，设计师会在一定程度上夸张要表现的特征或者透视的角度，甚至更改整车的比例，"得神忘形"。

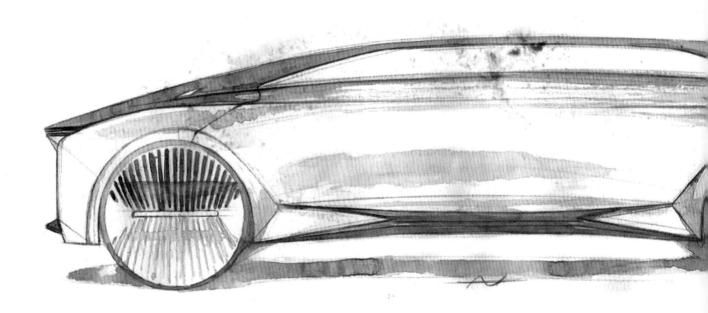

所以对数字模型师来说，按图索骥是不现实的。设计师的草图和实际的车身布置往往是对不上的，轮毂往往是偏大的，A柱往往是压低的，很多特征都难以实际比例出现在车身上，这对数字模型师的领悟力提出了相当大的挑战。

数字模型师需要通过一个单一角度的平面草图揣摩设计师的意图，理解和分析其中的型面关系，并确定建模策略。而设计师们投入大量的时间和精力在二维草图和效果图的训练与制作上，那么二维草图传达的信息足够准确吗？是不是直接将这张二维草图"翻译"到三维模型上就可以了呢？事实恐怕并没那么简单。

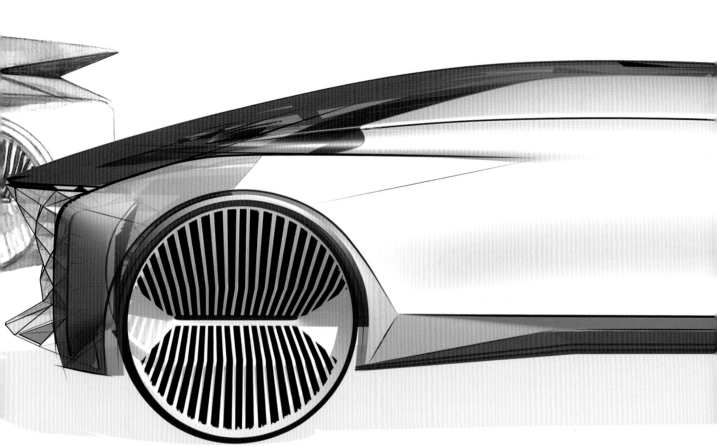

二维草图或效果图承载着设计的原始意象，虽然表达形式是平面的，但传达的内容是立体的。它就像设计的说明书，会作为重要的设计输入传递给数字模型师。我们不希望拿到一张有问题的说明书，或者一张隐藏着各种陷阱的设计蓝图。

以下面这张草图为例—— 这是一张比较典型的设计草图，线条干净利落，透视相对准确，用了水墨淡彩来表达明暗和结构，特征交代得比较明确，断面画得也很清楚，乍一看好像看不出太多问题，但实际上这张草图隐藏着很多问题。

且不说压低的A柱和放大的轮毂，仅通过审视车头前部和侧围的设计，就会发现按照特征线的走势，有些曲面实际上会很扭并且包含转折。但在图面上，这些曲面被画得非常平整，断面线虽然画出来了，但并没有描述出真实的型面关系。仔细观察后会发现有些空间关系并不成立，甚至出现了矛盾空间，但这些矛盾在图面上看上去并不那么明显。

而且在图面上我们还会看到大面积的没有特征的型面，这些型面在纸面上并不引人注目，但想象一下，如果这块区域在1:1的真实车身上出现会是多大一块空间，这么大的一块空间完全没有特征是合理的吗？

对于车身侧面，粗看问题也不大，但是仔细观察一下，会发现图面上表现的高光或反射并不准确。同样，断面线虽然画得很明确，还画了好多根，但这些断面基本都是错的，关键地方的断面也是比较糊的。

车后部的这个有趣的特征也颇具迷惑性，在图面上虽然绘制得有模有样，但实际上如果仔细分析这个特征，会发现其勾勒的是一组标准的矛盾空间（窗面、C柱、后轮包所围成的空间），实际上根本就没有空间塑造这样的特征，即使挤出这块空间，透视和线形也不是图中所示的样子，这个特征仅存在于二维的平面，无法再现到三维空间内。

这是一张充满问题的设计图，但通常设计师们接下来会把它完善，变成一张效果图，添加绚烂的光影效果和氛围，让其更有表现力和吸引力。就好像我撒了一个谎，然后我会包装它，让这个谎言更加美丽。如果这个方案"有幸"被总监买单了，后面接盘的数字模型师就要"不幸"地实现这纸合同，把这个充满问题的方案制作成三维模型，我们可以想象后面的工作会有多困难和纠结。

其实设计师并非有意为之，有些复杂的型面确实很难在二维空间内想得很清楚，平面绘图有一定的局限性，也有一定的欺骗性，有时候甚至连设计师本人也会被自己给骗了。从二维到三维该如何转换？二维的局限该如何克服？三维如何与二维接壤？这些问题就是本书要帮助大家解决的核心问题。

CONCEPT | CAS --- CLASS A -- VR

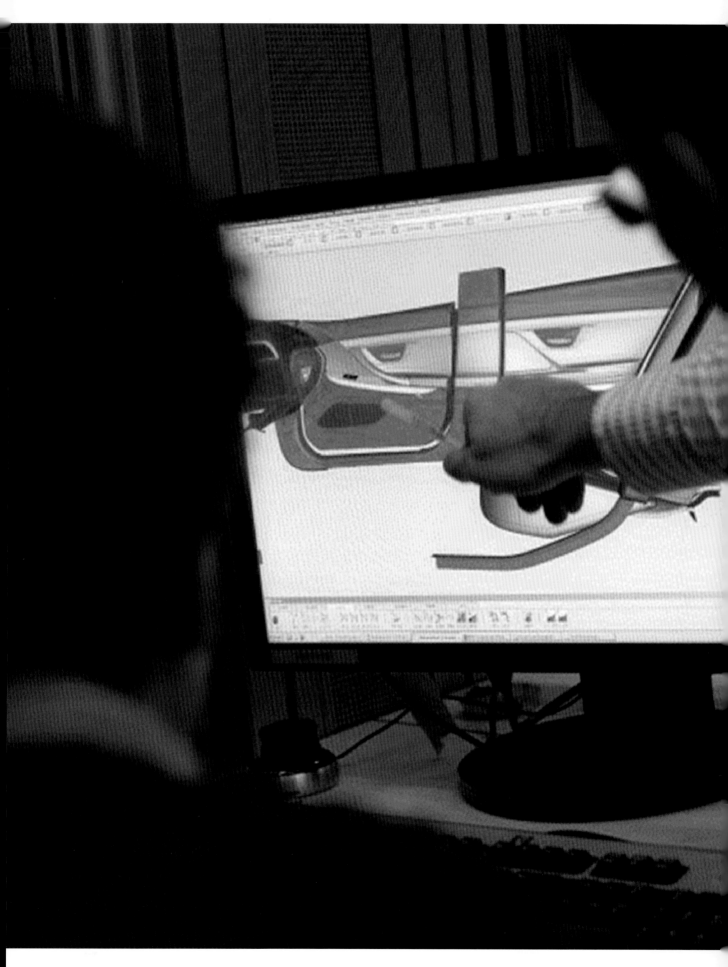

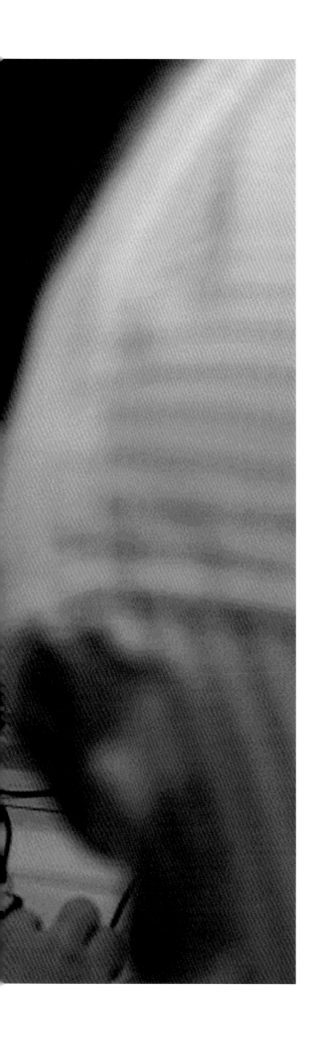

3.2 概念建模的协同工作

当方案的草图、效果图通过评审之后，就开始三维模型的构建了。在这个阶段，设计师和数字模型师需要密切配合，一般来说，数字模型师会根据草图快速完成一版草模的制作，草模的曲面质量不需要很高，但需要把握住草图的精髓，把草图的大感觉用三维的型面表达出来，然后邀请设计师一起审阅模型，根据设计师的反馈再进行或大或小的修改。第一版数据一般都面临着大幅度的改动，有的甚至要推倒重来。随着数模的细化，设计师和数字模型师需要时时沟通，处处商量，型面的推敲需要设计师和数字模型师高度协同，双方对型面的理解和感觉都要高度一致。在实际的工作中，这个过程是CAS阶段难度最大也是最耗时的。

设计师和数字模型师日常工作中要花费大量时间对数模的状态进行交流和沟通，他们的交流内容可能会是这样的：

"这条线再高一点儿，再稍微平一点儿。"

"这块面太平了，再给点儿弧度。"

"这个特征做得太硬了，再柔和一点儿。"

"这里要再进去一点儿吗？"

"换个角度看一下，这里高光好怪，太别扭了。"

"转到这个角度，在这个角度要成一条直线。"

"你草图这里是做不出来的，因为根据草图这里的型面应该是这样的，但这样跟这两块面就撞上了，下面没法做了。"

"草图这里的高光肯定是做不出来的，这块面应该是扭的，高光不可能是平的。"

"好，那你明白我的意思了？" "好的，明白了，我先做一版，一会再叫你。"

不在行业内的读者也许听得云里雾里，但行业内的人士对这样的交流内容肯定不陌生。

事实上，有些交流的问题就隐藏在这些话语中了。

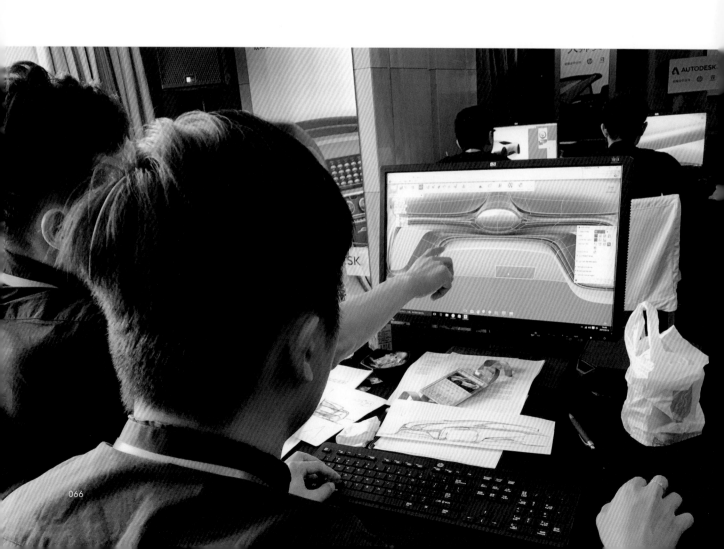

"这条线再高一点儿。"什么是一点儿？多少是一点儿？1cm是一点儿还是2cm是一点儿？怎样算是平，怎样算是鼓？什么叫软，什么叫硬？你觉得的"软"和我觉得的"软"是同样的"软"吗？"好的，明白了。"你真的明白了吗？我都不太清楚我想要的是什么，你又怎么可能明白呢？语言是有局限的，尤其是在三维的世界里，我们日常的语言似乎无助于准确表达我们的意图。

差之毫厘，谬以千里。看似微妙的差异累积到一定程度就会对整体的设计质量产生巨大的影响。很多三维数模做出来以后会和二维设计图差异巨大，还有的仅得其形，而不得其神，没有很好地实现从二维到三维的转换。

概念建模是一个不断试错、不断推敲的过程，每次尝试都要花费大量的时间和精力，太多失败的尝试会让设计师和数字模型师变得沮丧和焦躁，也会让原本充满潜力的方案令人惋惜地走向流产。

3.3 交流的鸿沟

二维转化为三维不是英文翻译成中文，法文翻译成德文这样一个简单的翻译过程。很多设计师的草图非常炫酷，可以达到90分的高分，但最终递交的三维数模只能达到70分，这个落差来源于设计师三维能力的不足，对三维的设计语言不够熟悉，思维上虽然足以在平面上想象立体，但技能上还停留在二维平面绘图。纵观整个设计流程，不难发现后面的流程无一不是基于三维数据的，没有数模，工程检测失去参照，油泥验证模型将没有来源，虚拟仿真更无从谈起，流程中所有的核心环节都是围绕着三维数据的。事实上，目前国内外的车企都在加快数字设计的进程，而在这个过程中，对设计师三维能力的提升首当其冲，造型设计师需掌握三维设计语言已是大势所趋。

但是提升设计师三维能力的方法就是让他们去建模吗？三维设计能力等同于建模水平吗？会建模的设计师就是好设计师吗？或者不会建模的设计师就不是好设计师吗？可能答案并不是这么简单。

概念草图及效果图
Concept Sketch & Rendering

概念建模
Concept Modeling

Alias

CONCEPT

设计

可视化评审
esign Visualization

油泥模型
Clay Modeling

A级曲面
Class A Surfacing

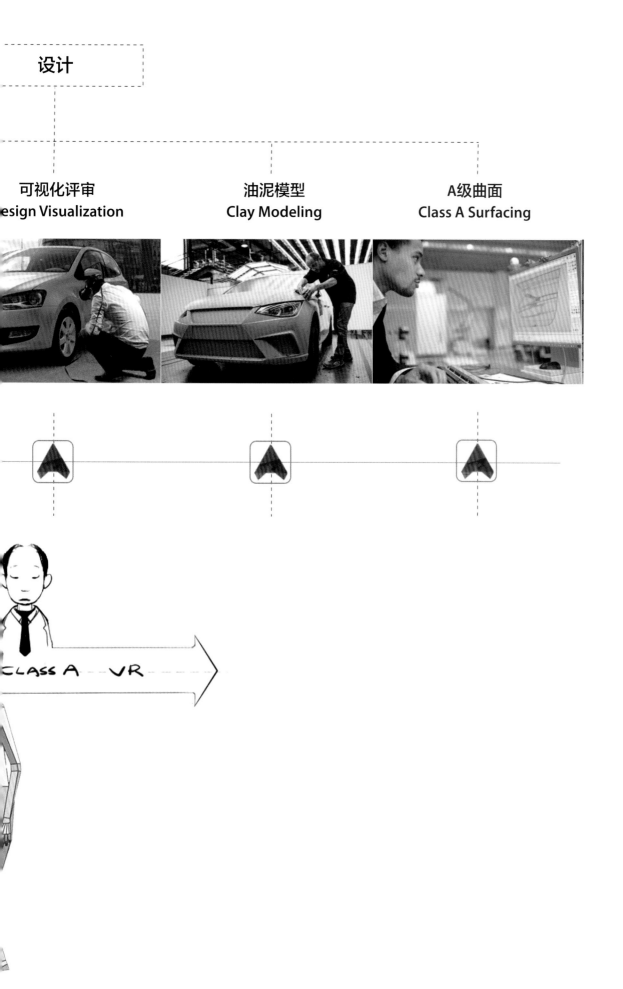

3.3.1　让设计师去建模

很多人对提升设计师三维能力的最直接的反应就是，让设计师去建模啊！自己的方案当然自己最了解，索性让设计师把模型做出来不就好了吗？但事实上没有这么简单，除了把造型方案表达出来以外，在CAS阶段数字模型师还要精准地控制曲面的质量，并与工程对接。CAS概念建模是技术性、专业性非常强的工作，术业有专攻，这样的工作是设计师无法代劳的。

我们暂且不提A级曲面的制作，单就一个简单的概念草模就足够复杂到让人望而生畏了。请看下面的这个方案。

这张图是前期的二维草图中的一张，选取的视角偏俯视，车头前脸部分的型面基本交代清楚了，特征线也比较清晰明确，造型不算复杂。那像这样的一个方案，我们先做一版草模看看样式。

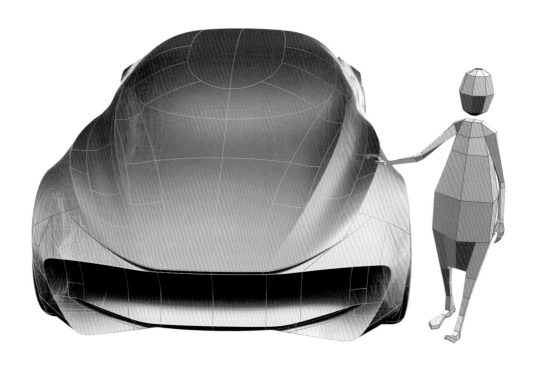

上图就是第一版草模的状态，可以看到，要表达草图中展示的型面，需要用很多张面来描述这个形体。我们不但要把大的型面关系铺出来，还要控制好每块面之间的连续性，把特征合理地分面，特征与特征之间要平滑地过渡，高光要尽可能与草图一致，特征线的线形线性要与草图一致。在二维草图上只需要一笔喷枪一笔橡皮就能塑造出来的高光，在三维模型上面需要几十块曲面来配合完成。二维草图上帅气的线条，在三维形体上是不存在的，只有面和面的交界，一根线条要通过几组曲面交相呼应才能体现出线的存在，而这么多数量的面每一块都要单独做出来会非常花费功夫。

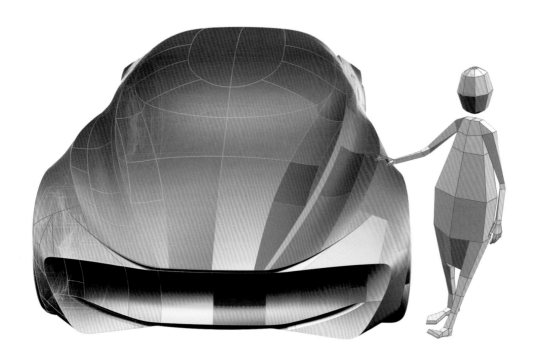

3.3.2 共同的语言

如果设计师会建模或者说懂一点建模的话，有什么样的帮助呢？

首先你会理解模型师说的是什么。大家肯定会疑惑，我们都用同一种语言，我当然理解模型师说的是什么。你们可能都是用中文沟通，但在CAS阶段，仅仅是中文帮不到你们，数字模型师说的中文你都懂，但你不一定能准确理解他的要点。要想理解他的意思，最好也懂得数模的语言，而Alias就是一种通用的数模世界的语言。

其次你会明白他在做什么。当你提出一个修改意见之后，你会发现他制作的地方根本不是你要改动的地方，你要改中间，他偏偏改两边，如果你不懂建模，就会充满困惑，完全没有参与感。但如果你懂建模，你会明白，你要改动的地方是由旁边的型面的问题导致的，过渡面的问题，往往要靠修正周围的大面来做到。

另外你会给出准确的修改意见和设计输入。当你想给出一个关于面的过渡的指导意见时，不必用"我希望这个特征做得飘逸一点，转折稍微舒缓一点，倒角再犀利一点"这样模糊又浪漫的语言来描述，你大可一句话不说，直接在空间拉一根Curve，或者给出断面，甚至直接在曲面上拉一下告诉数字模型师，干净利落，绝不拖泥带水。

最后你不会错过一些惊喜。你可能认为二维草图已经很完美了，其实不尽然，在三维模型的创建过程中你会发现很多地方都有比你原始二维方案解决得更出色的可能。在你和数字模型师共同解决一些型面问题时，会发现更棒的创意和处理方法，如果你具备一定的建模功力，就可以敏锐地捕捉到这些关键的地方，很多好的型面往往是来自于灵感和曲面的直接碰撞。如果缺失了这重要的三维能力，这些转瞬即逝的惊喜就可惜地错过了。

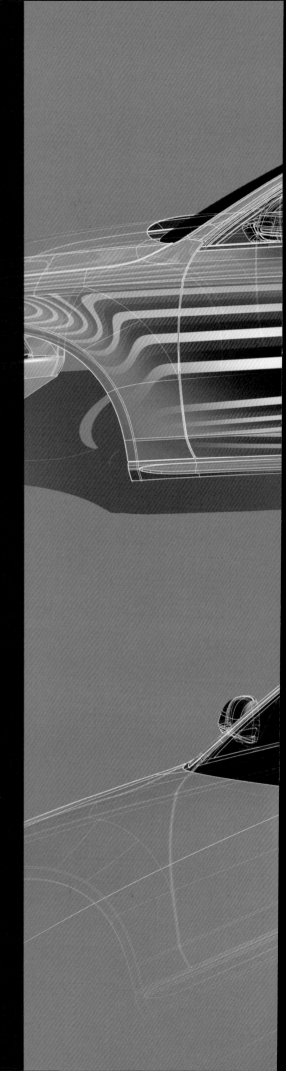

高质量的数模本身就是一件艺术品，而且是可以被生产制造的工业级的艺术品。建模更是一门极富艺术感的技艺，值得我们尊重和学习。

设计师未尝不想掌握三维建模技术，谁会拒绝让自己的设计能力变得更强呢？事实上真正让设计师止步不前的，是烦琐复杂的技术曲面建模方法和流程。如果动辄要制作几百块面来阐释一下创意，恐怕任谁也要望而却步了。

实际上设计师需要掌握的建模技术不必和数字模型师所掌握的一样，因为两者的诉求并不一样。设计师真正需要的技能是用三维去设计，而不只是建模。用Alias去设计和用Alias做CAS在思路、做法、方式上都是不同的。

用Alias做设计的手段其实非常灵活多样，有二维转三维，有三维转二维，有全二维也有全三维，有依托纸上草绘的，有依托VRED渲染的。不管处在方案设计的前期，还是处在设计接近完成的后期，Alias在每个阶段都有每个阶段的方法来帮助设计师掌控设计，发挥创意，下面我们会为大家一一揭晓。

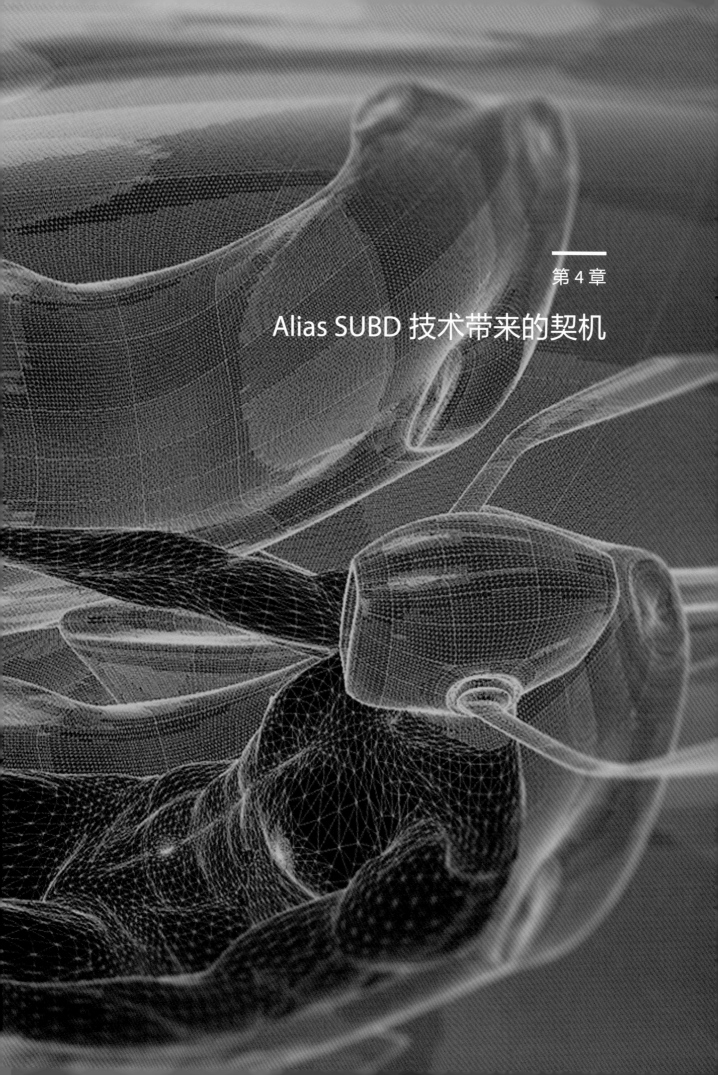

第 4 章

Alias SUBD 技术带来的契机

4.1 Alias SUBD 技术的来临

Alias 2020的来临，或许为设计师快速提升三维能力带来了一个契机。Alias SUBD（Subdivision）即Alias细分曲面建模模块，被集成在了Alias 2020版本当中。

Polygon多边形建模和NURBS曲面建模是三维建模技术最重要的两个分支。NURBS曲面建模以其在曲面方面的高精度一直被应用在工业建模领域，而Polygon多边形建模技术以其构形便捷容易修改一直被广泛地应用在影视游戏领域。Subdivision细分曲面建模则融合了Polygon和NURBS各自的优点，易于创建和编辑，也能做出光顺的曲面。最近几年很多主机厂都开始积极地在前期概念设计中引入细分曲面建模软件，如 Maya 和 3ds Max，但是传统细分曲面做出的模型只能作为造型参考，仍然很难满足工业建模对曲面的需求。

Alias 2020 引入的Subdivision细分曲面建模技术是特别的，其创建的是一系列连续的 NURBS 曲面面片，因此它们也继承了 Alias 曲面的特征。这意味着 Alias 细分主体同时具备 Alias NURBS 曲面和传统细分曲面的优势，可以提高概念性建模和创意构思工作流的速度和灵活性。Alias 2020添加了细分曲面建模模块，以整合自适应细分与本地 NURBS 曲面技术的优势。这意味着可以在混合的 NURBS 和细分曲面建模环境中完成概念性建模，以便将 NURBS 编辑工具和工作流与细分对象相整合。此外，细分曲面还支持构建历史，以便整合后的工作流仍快速且高效。

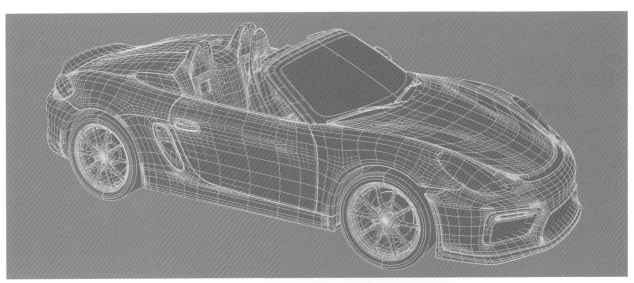

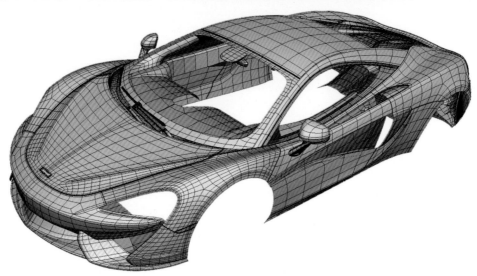

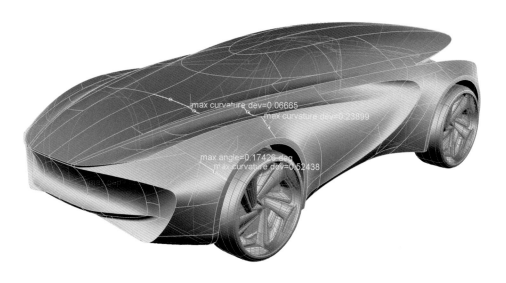

NURBS曲面建模

优势：可创建精确、高质量的曲面。

劣势：速度较慢，修改较麻烦。

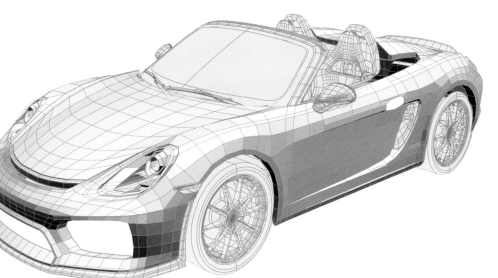

传统细分曲面建模

优势：速度快，修改便捷。

劣势：曲面精度不能满足工业化的需求。

Alias SUBD建模融合了NURBS曲面建模和传统细分曲面建模的优势。

Alias SUBD的特性

- 与NURBS不同的曲面建模方式。

- 简单易学的类多边形建模方式。

- 良好的曲面平滑度。

- 和NURBS兼容。

- 可以直接输出为NURBS曲面数据。

- 可以进行NURBS的剪裁操作，并保留构建历史。

- 兼容各种传统曲面曲线测量工具。

- 可直接输出为Subdivision，兼容Maya等细分建模软件。

- 可直接读取Subdivision内容的Obj文件，包括Alias Speedform导出的Obj文件。

扫码看视频

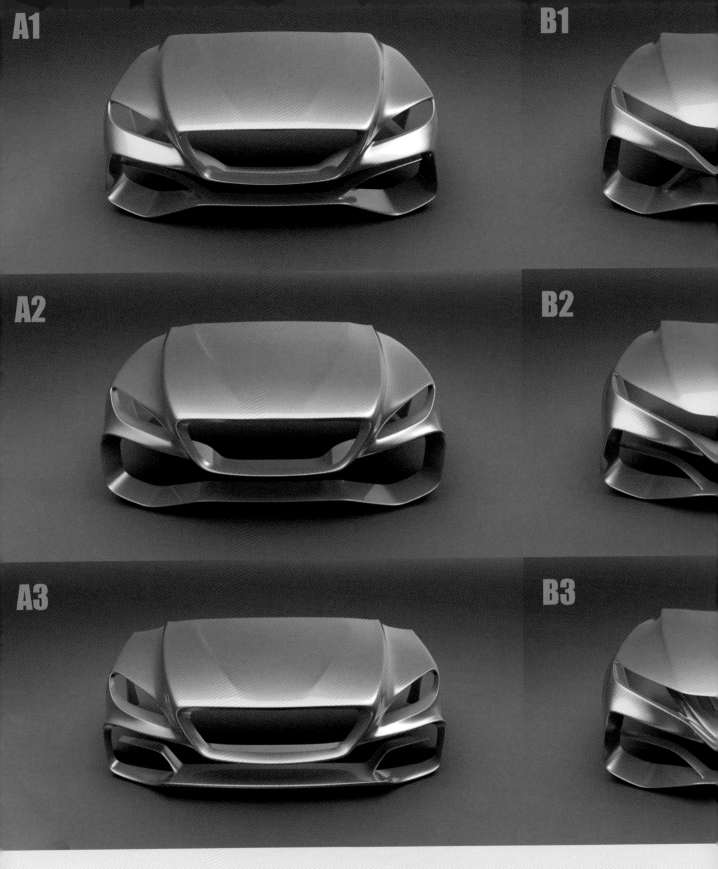

A1

B1

A2

B2

A3

B3

我们来看上面的例子。上面9张图是一个方案在调整过程中的9个变体，读者可以判断一下，如果是您来制作，从A1到A2大概要花多长时间？A3到A4呢？A5到A6呢？B1到B2再到B3呢？我们可以先在脑海里设想一下，这个三维的转化过程如何能最高效地完成。有些读者会觉得好多方案差距不大，要是有PS的话，使用快捷键<Ctrl+T>一下就能做到了。不过我们现在面对的是三维方案，只调整单一视角可不行。有些熟悉NURBS的读者应该已经明白这个例子的意思了。

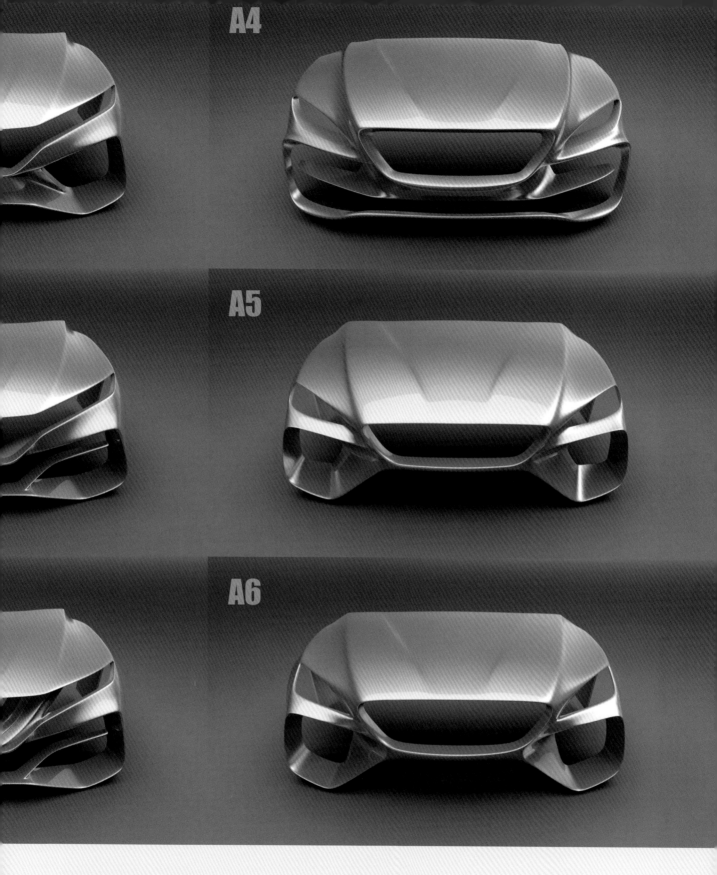

即使是其中看上去差距最小的A5和A6，要实现这个方案变换也要花费巨大的工作量，大面都需要重做，过渡面、翻边、倒角全都需要重新搭建，工作量不比全新做一个方案少多少。

如果您是用Alias SUBD在推敲造型，会发现上述方案的变换其实非常快捷，从A1到A2不会超过5min，从B1到B2再到B3不会超过10min，从A5到A6只需要不到1min。

对前期造型设计而言，设计师最希望的莫过于可以随心所欲地改变数模状态，变换方案，调整特征，甚至改变整体比例，而且这个改变最好是即时出现在眼前的。传统的NURBS建模方式在这个需求面前就显得捉襟见肘了，而这恰好是Alias SUBD建模技术的专长。每一个设计师和数字模型师都很有必要掌握这项技术，它一定可以帮得到您。

4.2 从 Alias SUBD 开始三维设计之旅

左图中展开的工具栏便是Alias SUBD模块的所有工具了。有些用户看到Alias SUBD的工具栏后会觉得有点失望，如此强大的建模模块为什么看上去工具很少。不要担心，在实际工作中常用的工具还要更少。我们一定需要大量的工具和复杂的步骤来完成一件事情吗？宋代罗大经所创作的《鹤林玉露》第七卷中有一段很有趣的文字："譬如人载一车兵器，弄了一件，又取出一件来弄，便不是杀人手段；我则只有寸铁，便可杀人。" Alias SUBD模块便有如此"寸铁"，它并不复杂，却很实用。我们可以用为数不多但简单易用的工具，来完成复杂的模型构建。

基础线面

拉伸

我们可以从基础线面的构建开始，将一根曲线或者一块SUBD面，通过Extrude拉伸挤出的方式生成后续曲面，然后通过Cut或者Insert Edge的方法布线，改变面的布局，再通过Bridge搭接或者Weld焊接的方式把几组面缝合起来，最后再使用Move移动控制点或者边界，改变整体造型，这样一个SUBD的数模就出炉了。是的，整个过程就是这么简单。

布线及细分   搭接或焊接   移动

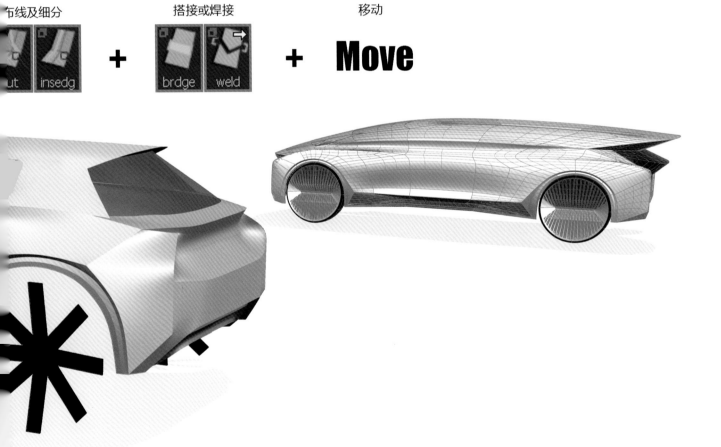

在Alias SUBD 建模模块中有一个很重要的概念——拓扑（Topology）。拓扑指的是多边形网格模型的点线面布局、结构及连接情况。如果一个模型拥有良好的拓扑结构，不仅模型的布线干净规整，而且还会在很大程度上提升建模的效率，修改起来更快捷，并可以更清晰地表达出造型的结构特征。

Alias 2020版本为SUBD建模新增了一个"boxmod"的显示模式，在这种显示模式下，展示的就是细分曲面的拓扑结构。

在用SUBD进行三维设计时，要经常性地查看形体的拓扑，并不断优化其拓扑结构，尽可能地用最简洁、最合理的布线表达出想要的造型。

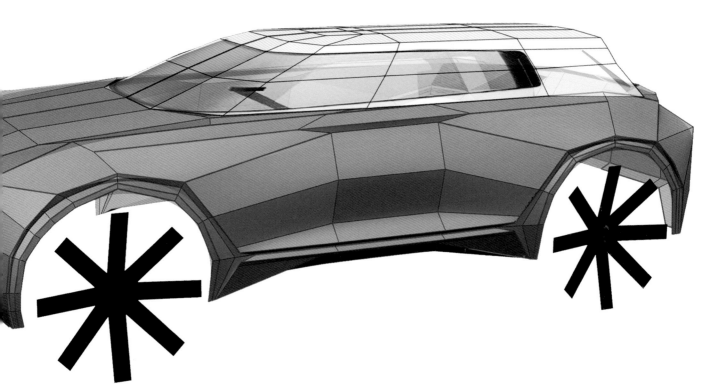

扫码看视频

Tips

之 Alias 界面

这里我们重点介绍一下Alias的软件界面，为什么要特别针对软件界面做一个讲解呢？我们知道设计师是特别注重视觉体验的一类群体，软件的UI对设计师来说是非常重要的。Alias 的整体界面简洁而富有设计感。值得一提的是，Alias的所有图标样式都是用Alias制作的，也就是说每一个工具图标都有一个三维的Alias数模跟随着，表达这个图标的语义，是一项非常独特的设计。

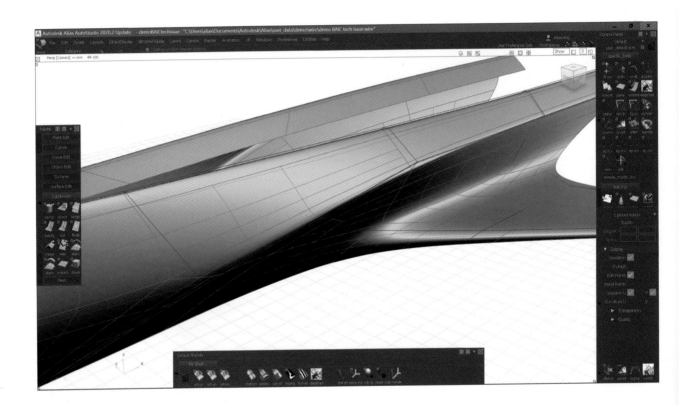

Alias拥有非常庞杂的工具集，但我们不必因此望而却步。事实上，常用的命令操作都可以通过Marking Menu、自定义工具菜单和快捷键来完成，所以在实际工作时，屏幕上不会出现繁杂的工具图标，甚至完全不会出现工具图标界面。工具需要出现时才出现，需要调用时才启动，视觉上完全不会给操作者任何干扰，更无须到工具栏频繁地单击，为操作者节约时间的同时也带来了良好的工作体验。

Alias的界面也是高度定制化的，设计师可以根据个人喜好自定义界面的风格，如自定义浅色风格或深色风格，自定义数模线框、网格、曲线曲面的不同状态的颜色方案等。

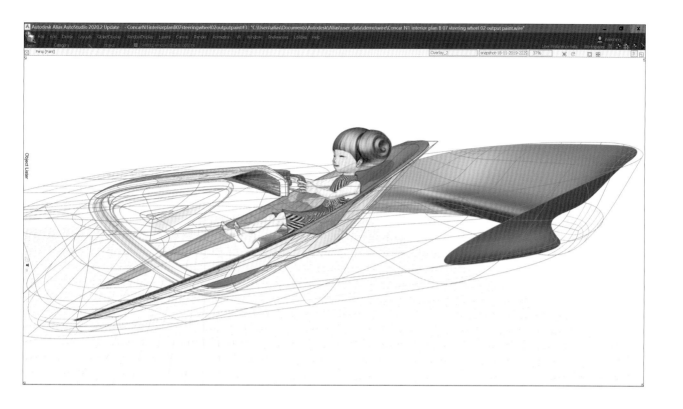

可以通过菜单栏的Preferences/Color Themes/Customize命令，对Alias 界面中的几乎所有元素的颜色进行自定义。一个令人心情舒畅的界面是非常重要的，它会时时刻刻提醒你："你是一个设计师，你需要做出有品位的设计来。"

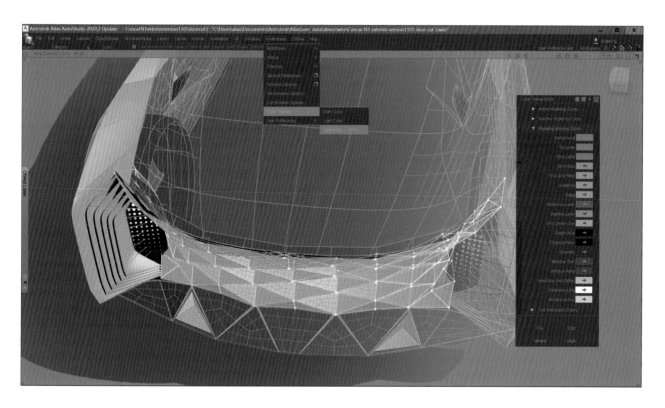

扫码看视频

要学会三维设计而不只是三维建模，是本书要向大家传达的一个重要观点，这也是为什么我们将Alias SUBD作为起点的一个重要原因。与在纸上推敲二维草图类似，我们同样需要在Alias内推敲三维草模。Alias SUBD可帮助设计师轻易地掌握构面的技术，从二维画布转战到三维立体世界，尽情地在三维空间内发挥自己的想象力，让创意在三维世界里展开。

下面这个案例展示的是如何从一块基础SUBD面，"长成"一辆概念车的外形草模。我们可以通过这辆车不同阶段的拓扑图感受到模型"生长"的过程。

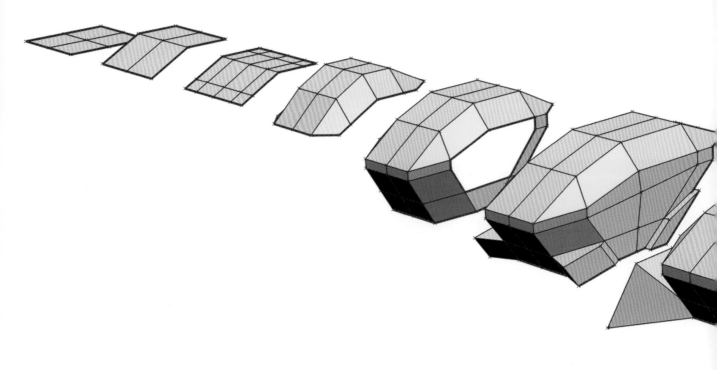

基础线面   拉伸   布线及细分   搭接或焊接

 + + +

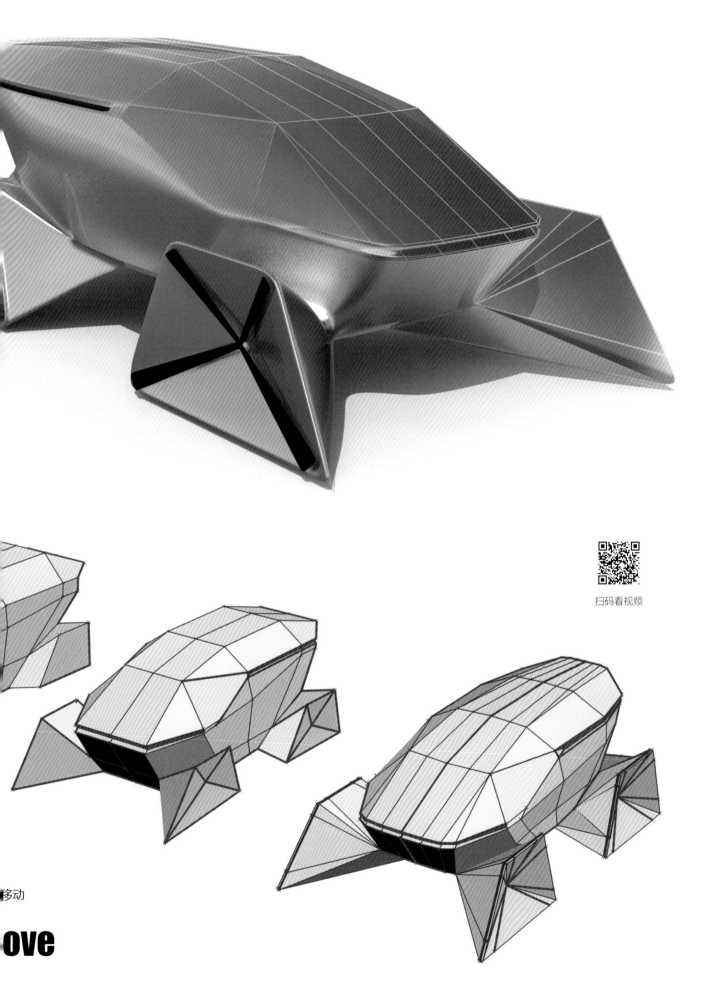

扫码看视频

多动

ove

4.3　用三维模型来引导设计创意

在这一案例中，我们要根据想设计的造型合理地布
线和布面。我们需要尽量精简地布线，不要因为可
以细分就过度地细分。在整个三维形体的构建过程
中，要始终遵循从简单到复杂的原则，从最简洁的
布线开始，根据造型需要进一步细分，让每一根结
构线、每一个控制点都能各司其职。

布线简洁合理的数模会在后面调整修改的时候显现
出它的优势，你只需要控制核心的控制点和线就能
迅速地变动方案。良好的布线也能帮助设计师更直
观地分析形体结构，从而对自己的设计有更深刻的
理解。

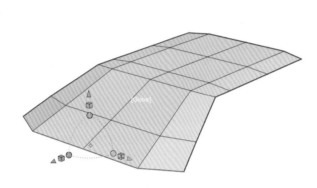

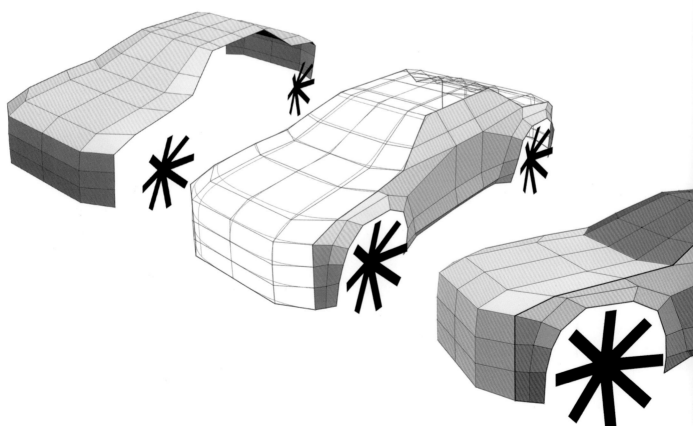

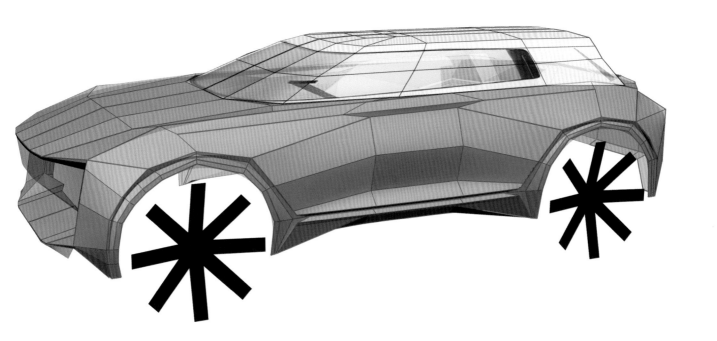

扫码看视频

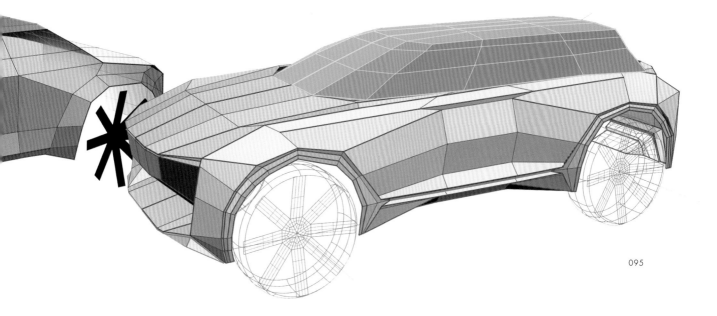

Tips
之 Alias 硬件渲染

设计师在数模推敲的过程中需要随时查看模型的状态。他们希望看到数模的材质、高光、反射、阴影，以及每一个细微修改带来的曲面表面光影的变化。这就需要用到Alias的硬件渲染来实时地呈现、展示数模。可视化在前期设计中的作用至关重要，而Alias的Hardware Shading以其快捷高效、高度定制化的优势，可以帮助设计师和数字模型师迅速地视觉表现三维模型，使递交物不仅是一个三维数字模型，还是一个三维可视化模型。

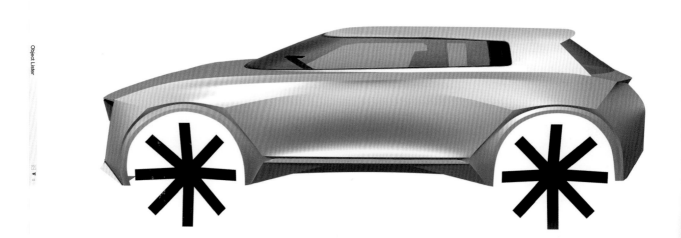

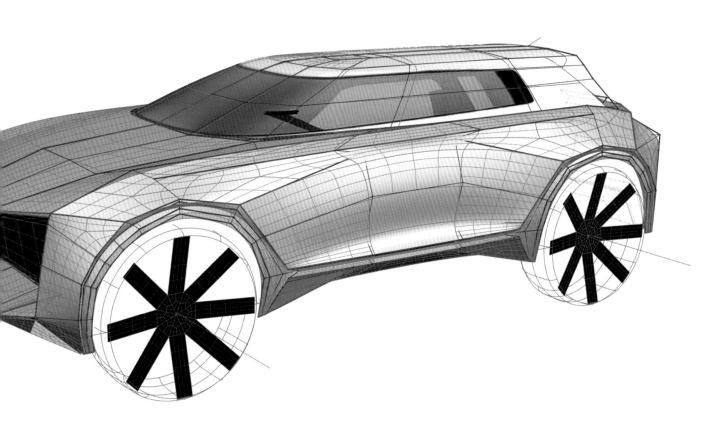

扫码看视频

Tips
之最简单也最困难的调整

移动

Move

移动点、线、面在Alias SUBD建模当中是最常规也是最简单的操作。当数模构建
到一定程度，拓扑分面基本合理时，拉点、拉线、拉面这样的常规操作就变得
尤为重要。即便在数模完成度很高的情况下，我们依然可以随意调节模型的细
节，让每一个控制点、每一根线都出现在最合适的位置。这是非常考验设计师
功力的，看上去最简单的移动操作实际上是最困难的。

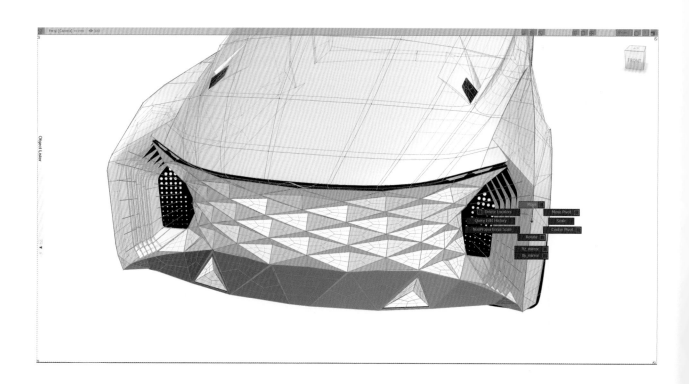

扫码看视频

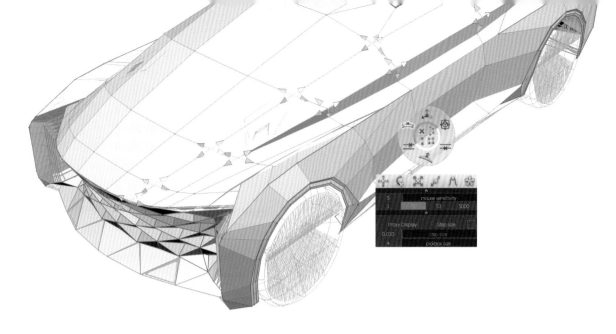

移动点、线、面的过程不仅仅是为了调整型面，更重要的是创造新的型面，很多新的造型语言和特征就是在这个时候产生的。直接基于SUBD构建模型的好处就在于，设计师可以从传统的基于平面草图的推敲转战到三维立体世界，可以尽情地探索各种新的型面关系和可能性，新的设计语言可能会在这探索中应运而生。

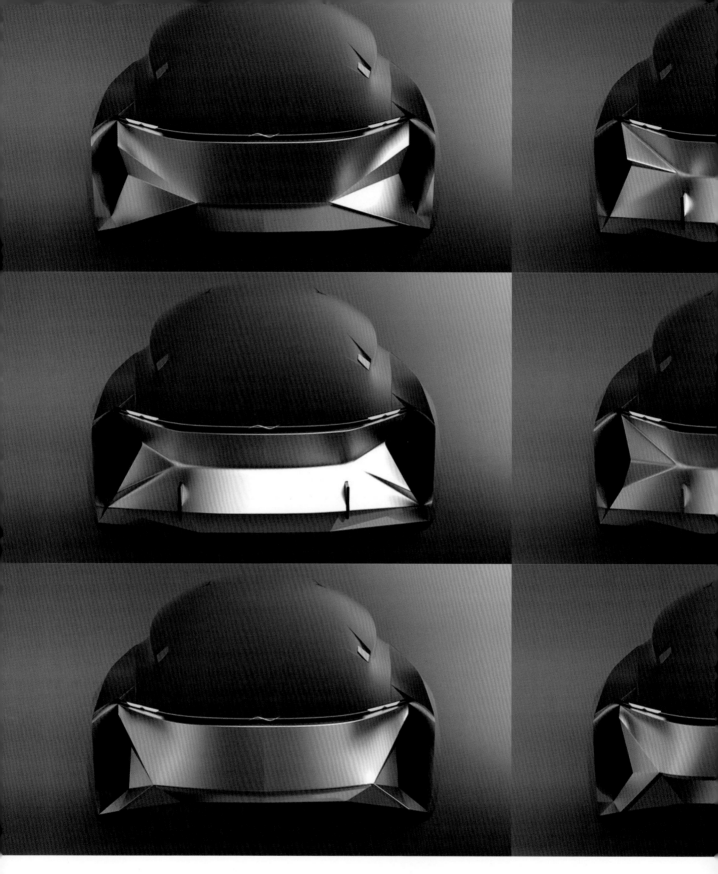

对于上述的9个方案，从其中一个变换至另外一个可能只需要几分钟甚至几秒钟的时间，有的只需要稍微移动一下曲面上控制点的位置，一个新的方案就出炉了。在这简单的位置变换背后，是设计师不断变换着的意识与感觉。有些方案的变体是有意为之，是计划中的；有些方案的变体是无意为之，是妙手偶得的。有些方案是在设计师的"舒适区"以内的，代表着他的职业水准或者说是平均水准；但有些方案是在调整数模的过程中无意产生的，是新奇且高于设计师的平均水平的。

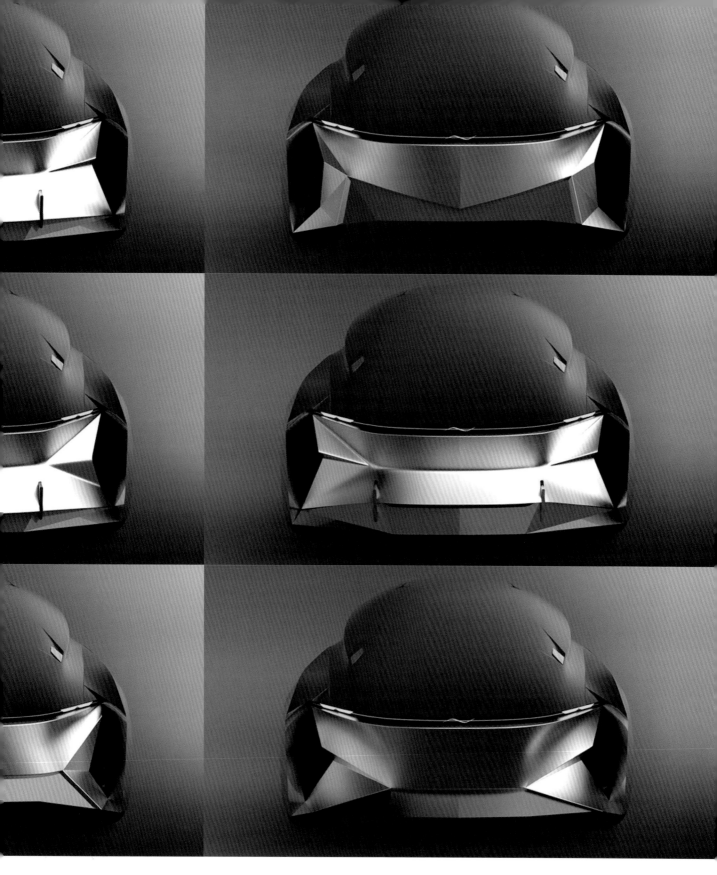

概念设计或者前期设计是一个探索的过程，在这个过程中设计师不但要贡献出自己的职业水平，更要超越原有的水平，拓展自己的能力，到达之前未曾达到的境界。工具是人能力的延伸，它可以帮助你提升能力。Alias就是这样的一种工具，它可以帮助你探索未知的领域，发现"舒适区"之外的更多的可能性。Move看似很简单，但越简单就越困难，简单操作的背后是设计师多年积累的经验与设计感觉。

第 5 章

二维与三维协同设计

5.1 不同工作流的切换

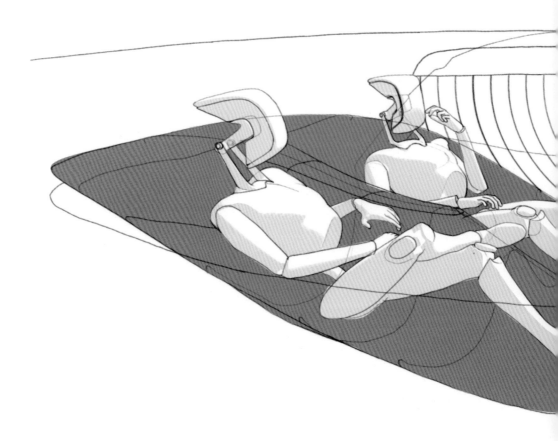

很多时候，我们不但需要通过三维的方式构建模型，也需要二维的辅助来引导创意，结合
三维模型一起探索新的可能性。但此二维非彼二维，与纸上草绘与平面设计软件中的绘图
不同，Alias提供了非常完整的二维三维交互的绘图模块，可帮助设计师利用手中的画笔创
造出二维与三维相结合的递交物来。

在这个交互过程中，推荐设计师使用Wacom的手绘板或手绘屏来工作。Alias软件与Wacom
硬件直接完美地配合，可给设计师的创作带来极大的便利和良好的体验。

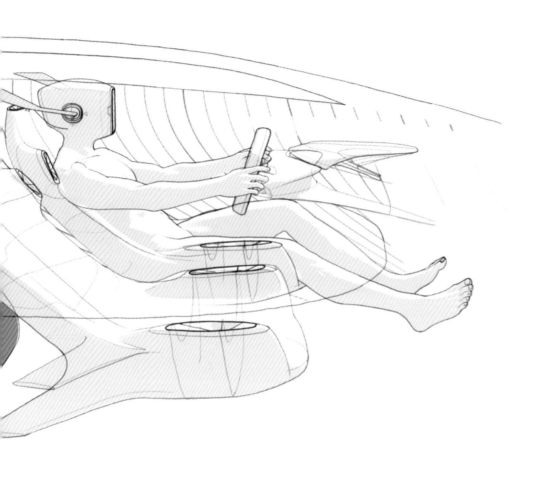

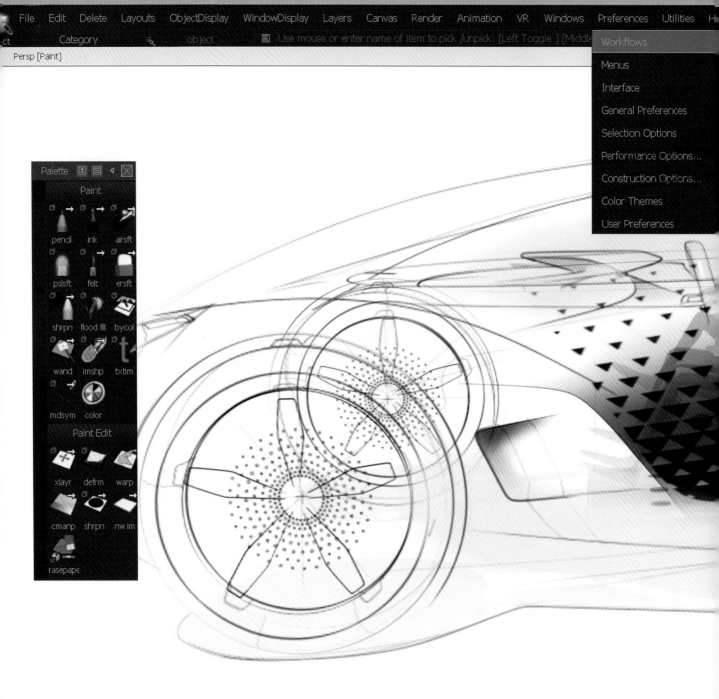

Alias有4个不同的工作流，分别是Default模式、Paint模式、Modeling模式、Visualize模式。当设计师进行二维草绘时，需要切换至Paint绘图模式。切换之后，Alias的Mark Menu会随之改变成绘图相关的工具集。当然，在Palette工具面板中也可以找到相关的绘图工具和平面编辑工具。Alias的Paint模块简洁且实用，而且其中的很多工具都是为工业设计师和汽车设计师量身打造的。

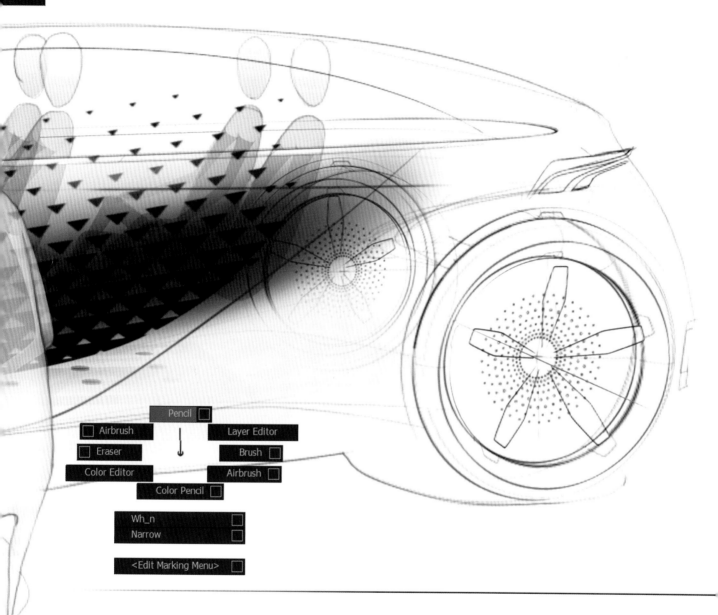

值得一提的是，Alias的线稿都是可以捕捉并吸附在建模用的曲线或曲面边界上的，这一优势可以让设计师绘制出非常精准的线稿，以便后续更好地与三维模型进行互动。

另外，Alias的图层管理器（包括图层的属性）与PS相似，甚至可以直接导入、导出PS格式文件。导入Alias的PS图层会与原始的PS实现链接，也就是说PS文件更新了，在Alias内部导入的文件图层也可以一键保持更新，这是非常实用的一项功能。

扫码看视频

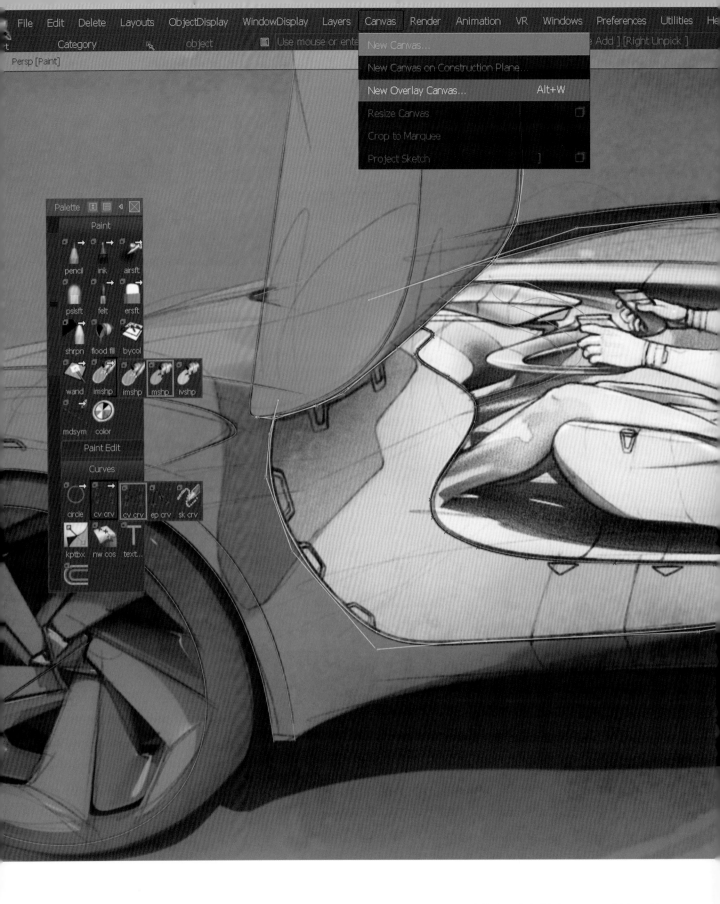

Category　　　　object　　　Use mouse or ente　　　　Add] [Right Unpick]

Persp [Paint]

New Canvas...

New Canvas on Construction Plane...

New Overlay Canvas...　　　　　　　　Alt+W

Resize Canvas

Crop to Marquee

Project Sketch

Palette

Paint

pencil　ink　airsft

pslsft　felt　ersft

shrpn　flood fill　bycol

wand　imshp　imshp　mshp　ivshp

mdsym　color

Paint Edit

Curves

circle　cv crv　cv crv　ep crv　sk crv

kptbx　nw cos　text...

　　　在Alias Paint模式中可以绘制出非常有设计感的草图和效果图，可以很潦草也可以很精确，而且设计师原始
草图的手绘感可以一直保留下来。很多线形非常复杂的曲线，如特征线或者断面线，在普通平面设计软件
中通常使用描边路径之类的手法来做到，这样的表现手法无可厚非，但却少了手绘线条的生动性；在Alias
里面，所有的笔刷都可以捕捉吸附在建模的曲线或数模上，手绘的笔触可以完美地反馈在线稿上。

Alias的选区也同样可以通过建模的Curve构成，无须做复杂的选区加减、相交等操作。其会
非常智能地围成我们所需的区域，并且选区可以随着Curve的更新而更新，非常符合设计师
的直觉。

扫码看视频

5.2 二维与三维并行的设计

当设计师直接用三维建模推进设计的时候，一定会遇到这样的情形——刚开始不太确定方案到底往哪个方向走，虽然利用Alias可以快速构建出型面，但盲目测试必然要花费很多时间和精力。

这种时候Alias特有的二维与三维协同设计的优势就体现出来了。即使你在做三维的造型设计，但不代表一定要用三维建模的方法来实现，有时候二维的速度反而是更快的。Alias有非常强大的二维草图模块，但这里重点强调的是直接在三维数模上进行草绘。模型尚未构建的地方，我们草绘先行，只需简单的线稿或是草渲即可快速勾勒出设计意图，这些设计草稿将帮助你制定好后面的建模策略，并且依据现有的数模状况推敲出全新的设计方案。

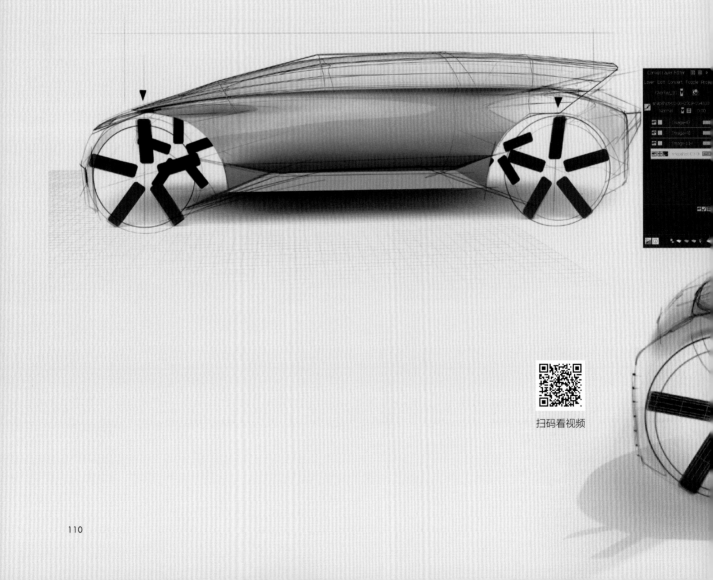

扫码看视频

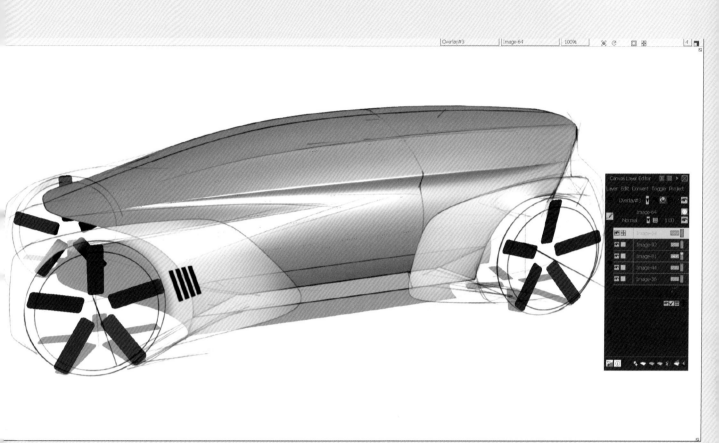

5.3 基于草图的直接建模

如何让一张平面草图快速地"生长"为一个三维的数模？

在本案例中，我们首先在Alias中导入一张概念草图，然后通过SUBD模块快速地"布面"，依据草图特征迅速地在侧视图中勾勒出SUBD面的布局结构。这时候细分曲面建模简洁高效的特点便完全被突显出来了，模型易于构建且易于调整。

完成了侧面的平面布局之后，就可以转移到三维空间，调整点、线的空间位置。为了更好地呈现设计的原貌，我们将用Project Sketch工具，选择草图画布和曲面进行草图投影，一张立体的"空间草图"就浮现在场景中了。

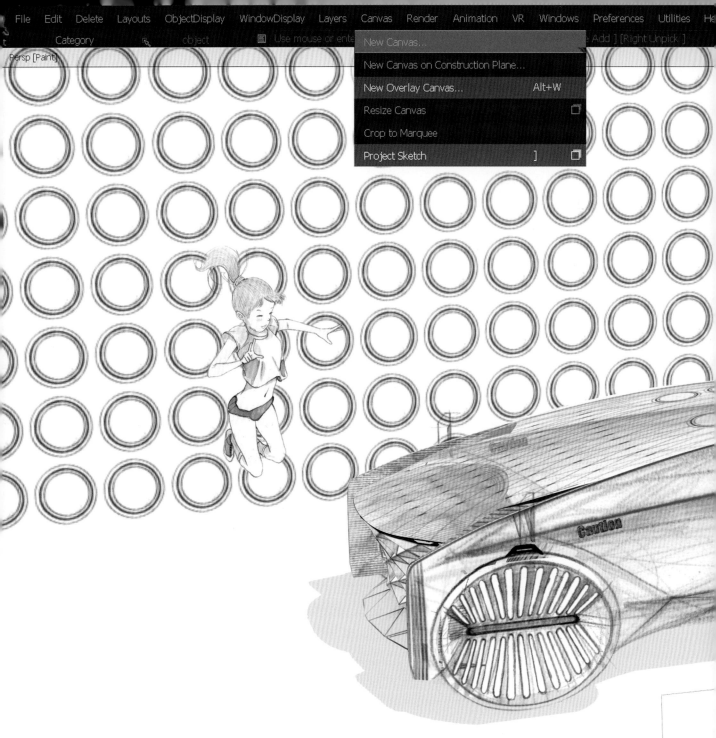

New Canvas…

New Canvas on Construction Plane…

New Overlay Canvas…   Alt+W

Resize Canvas   ▢

Crop to Marquee

Project Sketch   ]   ▢

本案例展示的是如何将Project Sketch功能更加广泛地应用到各个部件上。

案例中导入的画布是基于纸面草绘的，此处特意选取了平时在速写本角落里的几个不起眼的草图局部，在Alias中用SUBD将拓扑结构快速表达出来，并利用Project Sketch工具把草图和SUBD模型串联在一起，让纸上的草图变得立体。手绘的线条和晕染效果在三维空间内呈现出来也会产生一种独特的美感和质感。

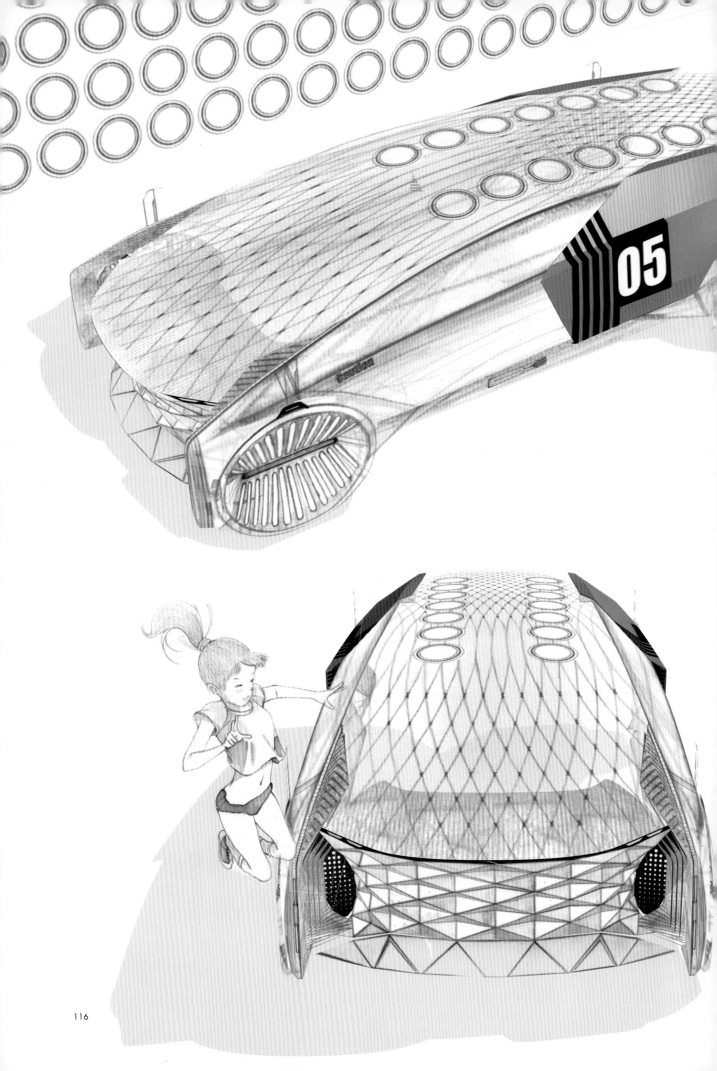

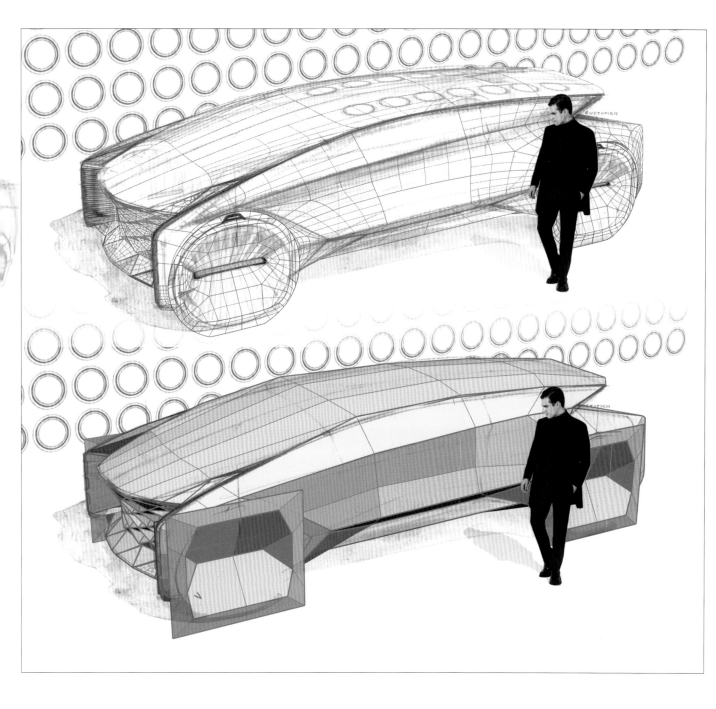

我们不仅可以基于侧视图进行草图投影，事实上，在正交平面或者其他角度都可以进行
Project Sketch的操作，只要做好数模和投影草图的对应关系，就可以制作出细节丰富的
三维概念草模。

随着二维草图在三维空间内铺展开，设计的原始意图开始在三维模型上得到验证并不断
完善，新的可能性也不断涌现出来。

扫码看视频

同样，在内饰设计中也可以尝试用二维与三维结合的方法进行设计。

当掌握了一定的三维建模能力以后，会更有信心依照任何一张二维草图搭建出想要的方案。我们可以从速写本上一张很不起眼的草图中发现设计亮点，即使这张草图看上去并不是那么精确细致，但仍然可以捕捉到其中的亮点，把它的意象在三维模型上再现。

这里为大家分享一个有趣的观点——"得意忘形"。当根据一张草图捕捉到了意象时，不必完全按图索骥地把草图照搬到三维上，即把草图的意象传递到模型上，而不是把所有的型面照搬上去。所谓"得意忘形"，有些时候，草图的意象要比草图的型面更加重要，尤其是设计师依据自己的草图构建自己的草模时，你的草图就是画给你自己的，不必严守着各种规矩，发散开来，要相信自己的三维能力一定能为这个意象赋予最佳的、最可行的形态。型面是容易捕捉的，但好的意象稍纵即逝，好的设计并不一定和草图是严丝合缝的，但一定是一脉相承的。这个不成熟的观点抛出来留给大家思考，希望能给诸位读者一些启发。

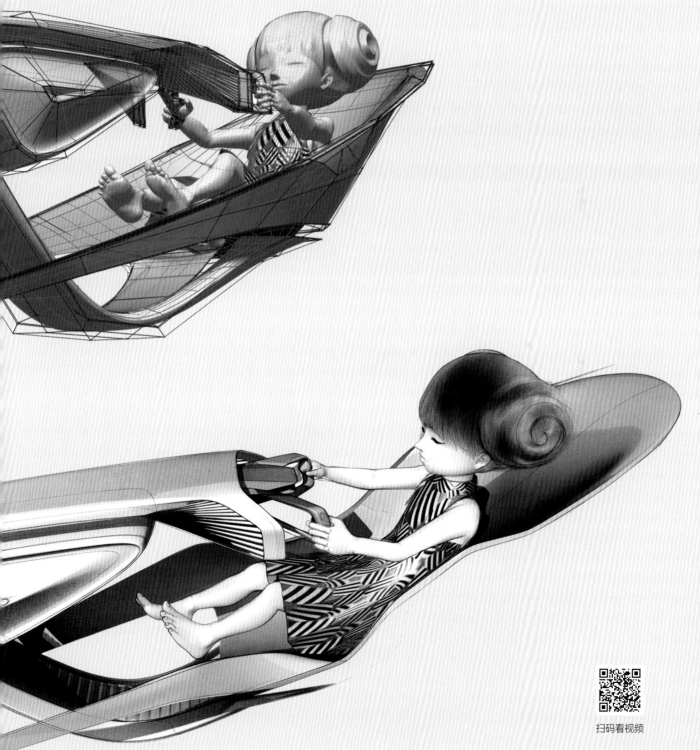

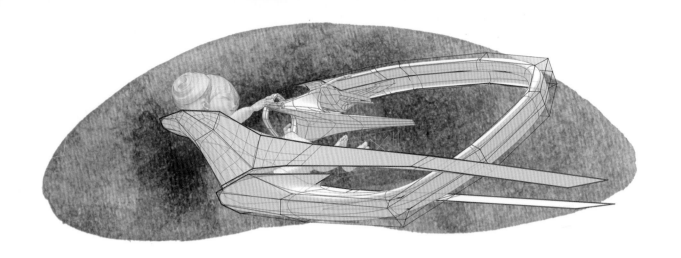

心中有了设计意象，然后在三维内构建模型并即时调整的过程，我们倾向于称其为三维设计而不是三维建模。与设计师在二维平面内勾画三维形态不同，现在我们有条件可以真正在三维空间内探索——可以直接观察到三维的线与面，无须渲染就可以看到型面结构和实时的光影变化。设计师可以通过Alias 3D paint 与SUBD工具来创建二维与三维相结合的设计递交物，用空间草绘引导勾画设计创意，用三维模型来验证、推敲其型面关系。空间草绘与数模构建可以交替进行，互相补足。

这种交相呼应的设计方法还会带来一种特殊形式的递交物——二维与三维结合的草图和草模。在后面的页面中可以看到类似这样的递交物的展示。记得每一张草图背后都有一个草模，随时等待着被更新，随时都可以切换至任意角度。

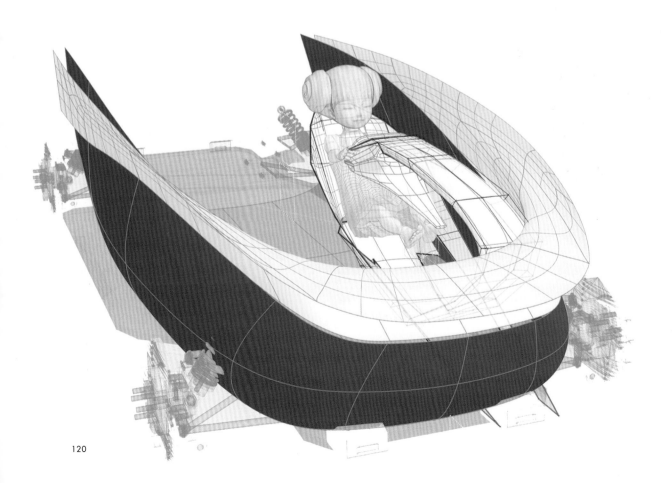

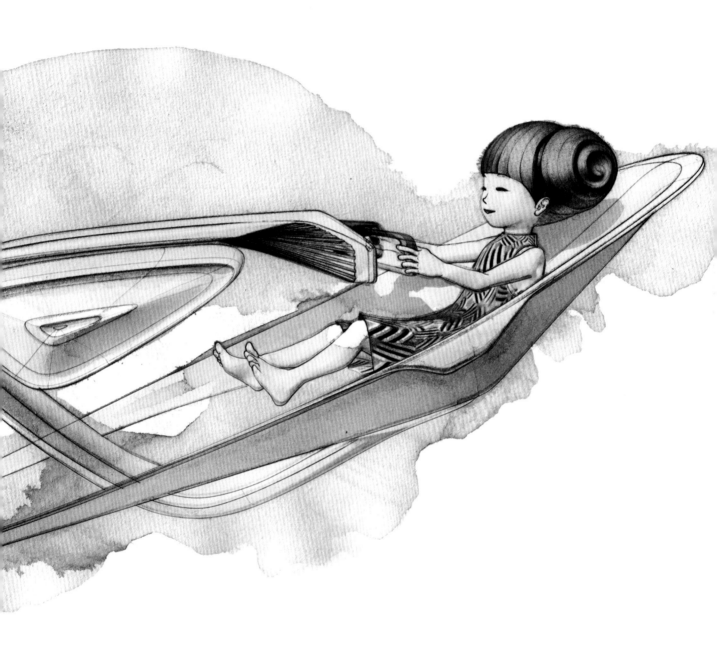

二维与三维结合的草模示例

第 6 章

三维胶带图与三维草图

胶带图是汽车设计研发流程中非常重要的一项递交物。设计师根据总布置图，在带有坐标网格线的薄膜上用专用胶带贴出的方案的造型线图即胶带图。胶带图通常由多个视图组成，通常为侧视图、俯视图、前视图、后视图，每个视图内的线条都要求一一对应。这是传统意义上非常重要的二维转三维的过程，因为胶带图是设计草图转化为模型的桥梁，也是下一步小比例油泥模型制作的依据。通过胶带图，设计师需要将二维草图阶段没想清楚的型面关系在空间视图内探究清楚，大到整车的体量、比例关系，小到每条特征线的走势，都要在胶带图中得到体现。这个过程对设计师的三维空间想象能力和对胶带图的把控能力都提出了巨大的挑战。

胶带图通常是黑白的，有些胶带图也会有灰色和少量颜色。黑色的胶带在白色的背景上编织成非常单纯优雅的图面效果，我们可以从粗细相间的线条中感受到有立体感的设计。胶带图是对计白当黑的最好运用，空白的背景在黑色线条的分割下神奇地拥有了立体感。胶带图拥有独立的美感，是油泥模型图纸的同时也是一件艺术品，要求设计师拥有高超的胶带技巧和对设计整体的把控能力。

不过一组胶带图需要设计师花费很长的时间来推敲和完善，而且很多空间曲线和特征线很难在三个视图中都找到准确的一一对应的位置，调整起来也比较困难。事实上，随着CAS的广泛应用，一些车企尤其是新能源汽车企业都在流程中省掉了胶带图这个环节，初版油泥模型也以CAS模型作为输入直接铣削。

但是胶带图以其纯粹的设计语言和计白当黑的视觉效果，用黑色的线条与白色的空间为我们勾勒出了一辆车的精气神，言简而意深，与中国的书法有异曲同工之妙。这种简洁的设计语言完全可以为Alias数字设计工作流所继承，克服其物理世界的局限，成为独特的设计递交物。

6.1　三维胶带图

下面的几张图只有黑白两色，没有阴影，没有高光，没有反射，只有黑色的线条和周围白色的空间，但相信读者们仍然能够感受到这辆概念车的体量、姿态和比例。

计白当黑，以少少许胜多多许，其背后的秘密就在于"留白"。这种留白是为了界定黑线轮廓而存在的，白是陪衬者，也是空间的象征，它与黑线一起塑造了立体感。"一阴一阳谓之道"，"通体之空白，亦即通体之龙脉"。

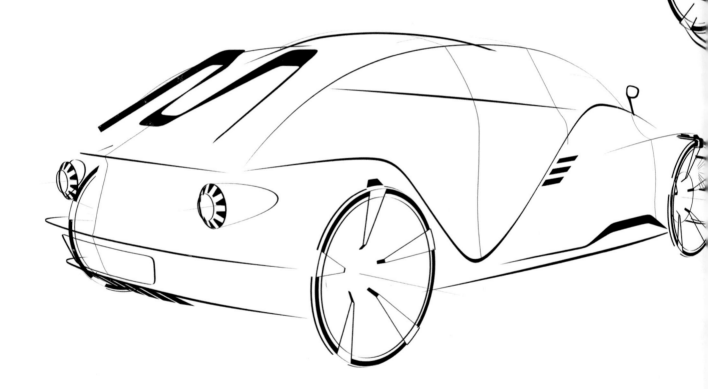

这三张图是一个"三维胶带图"（3D Typedrawing）在不同角度下的三个剪影，不需要用传统的胶带图技术一张一张地去贴。我们可以从中领会其背后的妙处。"知其白，守其黑"，设计师要做以少胜多的事情，造型语言要精练而非繁复，要抓关键而非枝节，学会用单纯的设计语言来表达丰富的设计，捕捉设计最核心的地方并投入精力去不断完善。

6.2 Alias 三维胶带

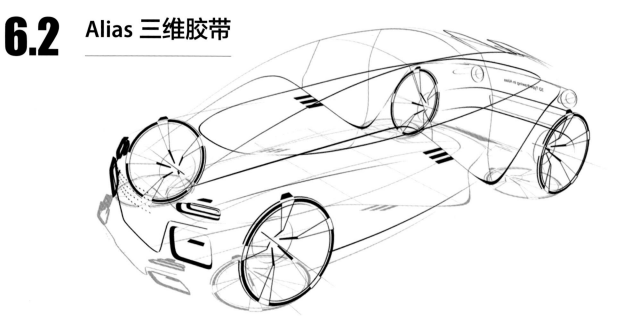

我们可以利用Alias的Curve绘制曲线工具配合 SUBD建模快速构建出带状的曲面。这些带状的曲面与物理世界中的黑色胶带非常类似，不同的是，"数字胶带"可以悬浮在空中，也可以被固定在任何位置。

可以发现，通过这些线条在三维空间内的排布，即可直观地获取车辆的体量感和造型特征。

是的，仅仅几根关键的空间线条就拥有这样神奇的表现力。设计师可以透过这些交织的空间曲线想象和感知车辆的体量感，顺着关键的特征线去把握整体造型。这就是空间线的魅力，也是我们利用最少的投入就获取到的最直接的展示效果。

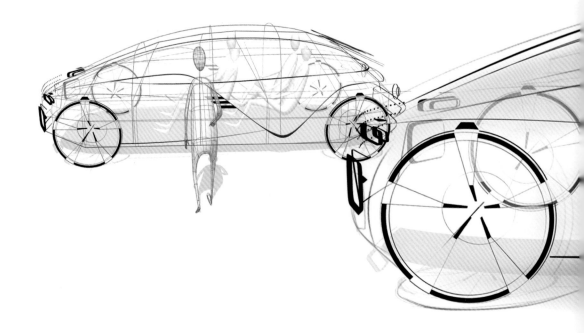

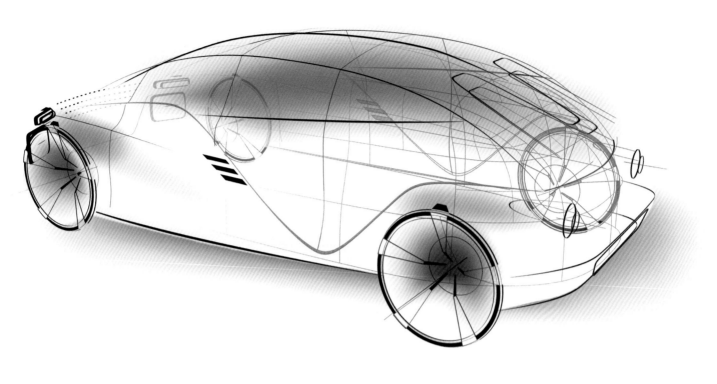

当需要实时地修改线的线形或者位置时，可以选择相应的CV 点并将其移动到合适的位置，最后呈现出立体的"三维立体胶带图"效果。

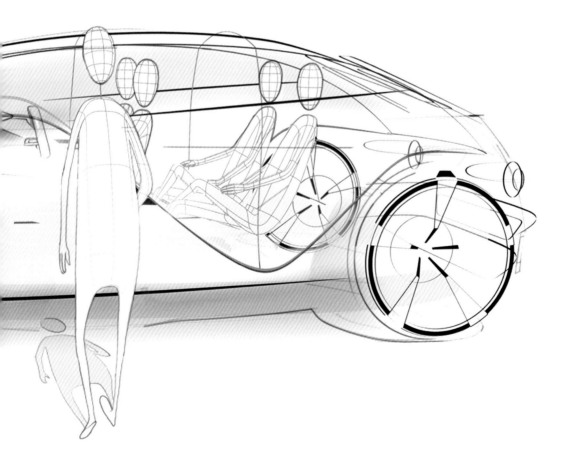

扫码看视频

利用三维胶带图还可以帮助设计师"洞悉"整车的结构,无论是设计外形还是内饰,都可以统揽全局地观察到关键的设计输入。我们可以导入人体模型和相关的工程约束信息,并让这些设计输入一开始就以可视化的方式呈现在眼前。有了这些可感可见的尺寸和约束,设计师反而可以"戴着镣铐跳舞",在"有条件的自由"范围内尽情地发挥创意,探索新的可能性。

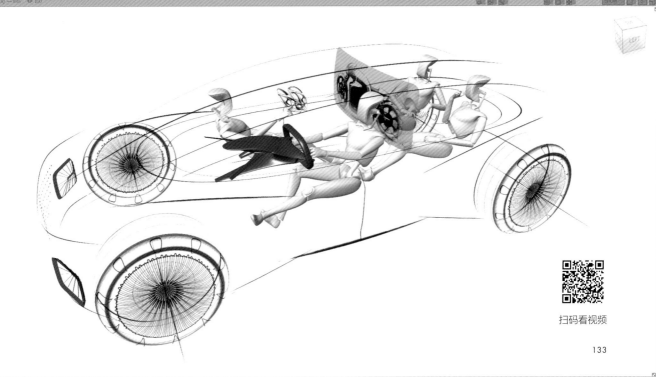

扫码看视频

6.3 草模也是三维草图

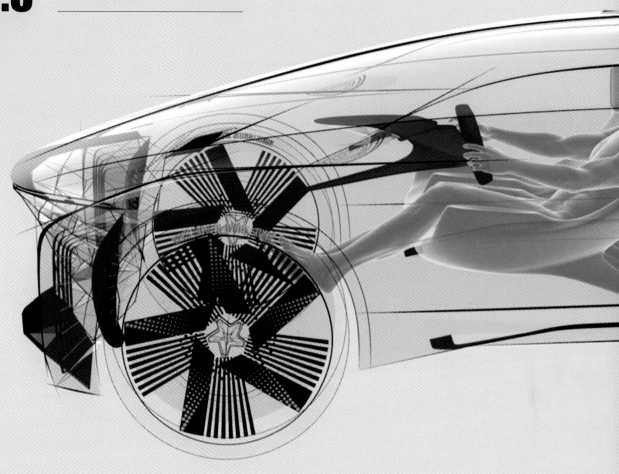

三维胶带图以少胜多地展示了设计的核心元素，将造型设计上最重要的特征线及关键的断面展现了出来。这些特征线在真实世界的形体上是找寻不到的，是抽象的线，但正是这些关键线帮助塑造了车身造型的精气神，是造型之"骨"。有了"骨"再添"肉"就很容易了，依据这些关键线，结合 SUBD 细分曲面建模就可以迅速搭建起"肌肉"和"皮肤"。纲举目张，抓住了关键的因素，其他部分就很容易往下推进了。

有了这些关键的线条，背后SUBD曲面就不难搭建了。结合着这些线与面，再加上Alias的硬件渲染，你会发现不知不觉间已经得到了一个类似三维草图样式的草模。

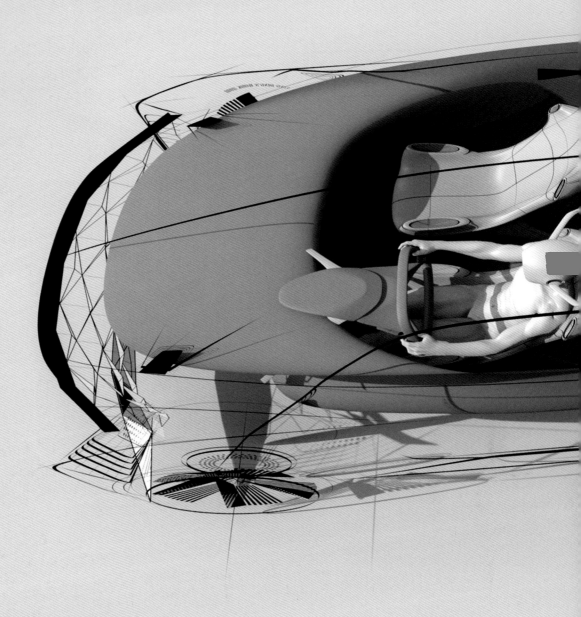

这些空间线面构成的递交物不但有一定的设计感，更重要的是它提取了设计非常核心的元素，可以让设计师对自己的设计有更加清晰的认识。利用抽象的线来辅助我们做具象的型面，也不失为一种新颖的设计方法。

和物理的胶带图不一样，这些数模线条不必附着在任何实体上，也不会垂落在地上，它们始终存在于虚拟空间中，随时可以被调整。设计师可以根据个人的喜好创造不同样式的设计递交物，不必拘泥于某一种特定的形式。

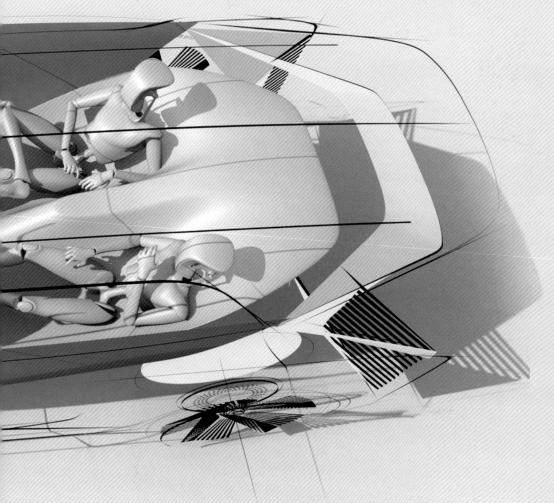

Demonstrated by Ning Ding

Autodesk

扫码看视频

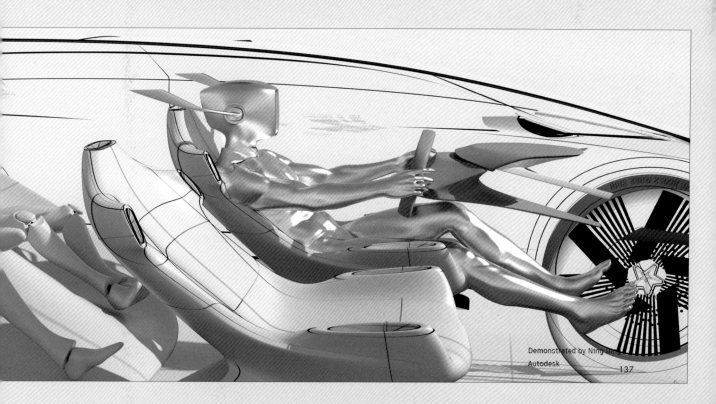

Demonstrated by Ning Ding

Autodesk

137

扫码看视频

Alias三维胶带图草模示例（一）

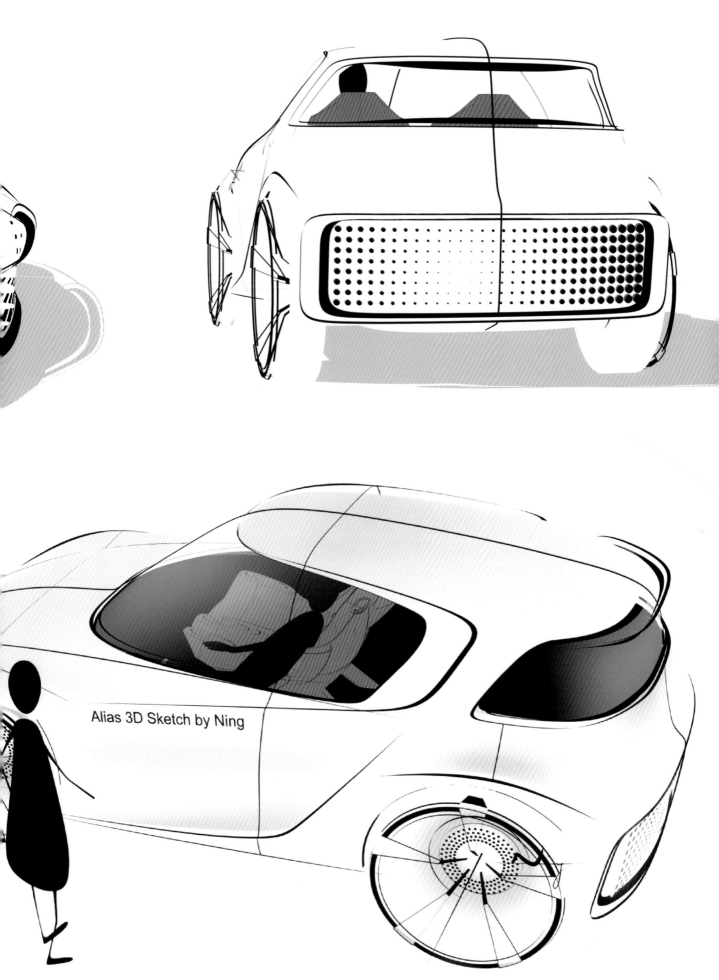

Alias 3D Sketch by Ning

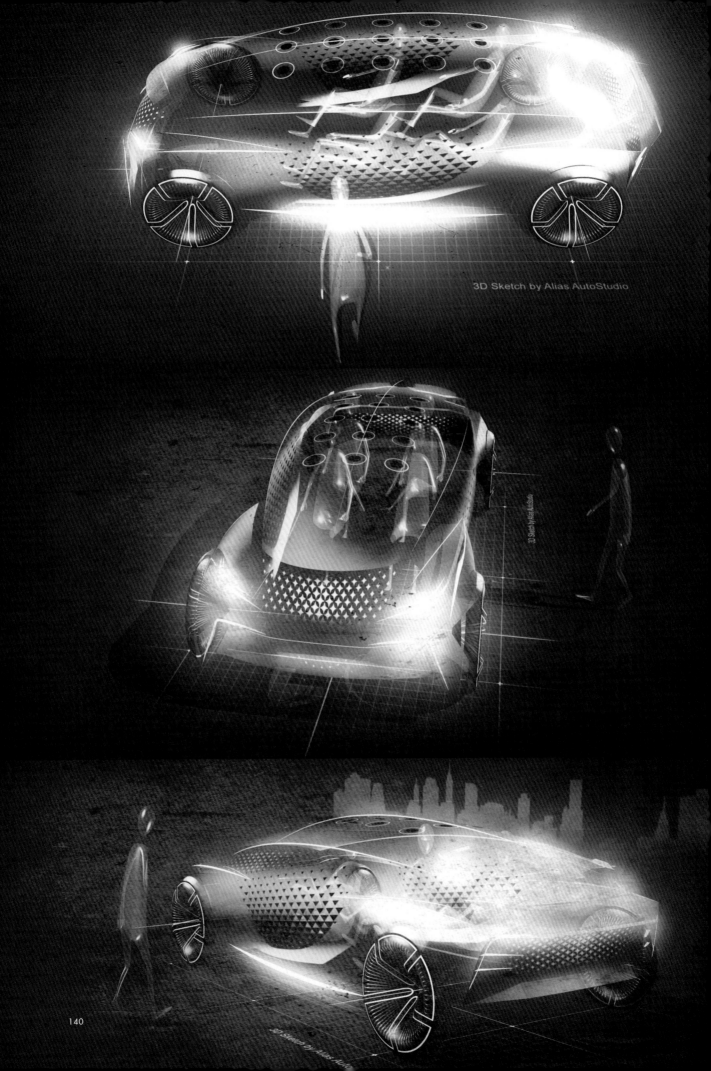

3D Sketch by Alias AutoStudio

140

扫码看视频

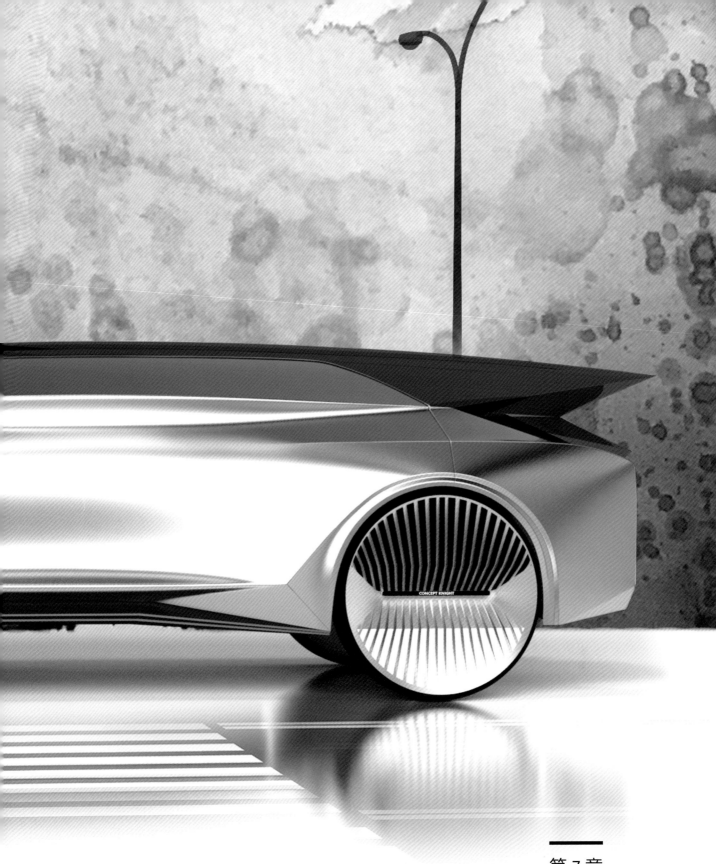

第 7 章

可视化与参数化辅助设计

7.1 VRED 辅助设计

多方案评审

环境和背景

真实光线材质

位移贴图

光子追踪技术

基于图像的照明

如第1章所介绍的，Alias AutoStudio实际上是一个套件，而 VRED Design就包含在这个套件之内。目前，行业内越来越多的用户开始有意识地使用VRED对Alias构建完成的数模进行渲染乃至VR可视化评审了。

可视化不再是少数可视化专家的专利，无论是设计师还是数字模型师，只要手里有了数据，就可以进行可视化渲染及展示。要知道展示数据和制作数据同样重要，很多时候我们辛辛苦苦制作的数模往往会因为不理想的展示效果而频遭指责，数字模型师为此付出了巨大的工作量。所以，可视化渲染现在被越来越多的用户重视起来了。

Pro+ 动画制作	Pro+ 多种渲染模式	真实物理相机参数设置	镜头及后期效果
Pro 动画编辑器	Pro 分层渲染	Pro 渲染序列	Pro+ CPU 集群渲染 (附加)
质 Pro 次表面渲染	Pro 曲面质量检测	Pro 缝隙测量	测量、网格及标尺
拟 Pro 光谱渲染	Pro 标注	断面检测	Pro 基于NURBS渲染
真实灯光	立体眼镜	Pro+ 分屏渲染	Pro CAVE 系统
预烘培阴影	自定义UI	Pro+ 异地评审	Pro 实时集群渲染 (附加)

145

VRED实际上是一个非常复杂的产品，功能非常强大，是一个真正的可视化平台。但在本书中，我们不会深入介绍那些复杂的功能，与此相反，我们只关注在一个点上，即利用VRED快速渲染Alias草模。

在前面的章节当中，我们展示了Alias的硬件渲染效果。事实上，在展示方案的设计效果方面，Alias的硬件渲染是非常出色的，它着重表达"设计的真实"。但就"视觉的真实"方面，利用VRED可以获得更接近物理真实的视觉效果。

当三维的数模配上真实的材质，并在真实的环境光线下渲染出来时，我们获得的观感就跟在数模创建时的观感完全不一样了。不管你在用Alias设计的时候有多确信，在VRED中渲染之后都会有一种"哦，原来是这样"的恍然大悟的感受。

我们需要设计的真实，也需要视觉的真实，毕竟设计的作品有朝一日要出现在真实世界中。VRED可以通过非常简单的步骤，在很短的时间内帮助我们渲染出高质量的递交物。

在VRED中我们不但要导入车辆本身的数据，也要导入周围的建筑环境信息。设计师不应只关注汽车本身的设计，也要身临其境地体验汽车之外的整个应用场景的设计。VRED可帮助设计师用最少的时间和精力获取直观的效果。设计师可以提前预览产品最终成形后的状态，并对设计做出相应的调整和修正，同时可以马上更新迭代到VRED中再次看到效果，在虚拟现实的场景下不断完善设计。

在设计的进行阶段，我们就可以随时将Alias的草模导入VRED中进行初步的渲染来查看效果了。不必在意数模的完成度够不够，因为完成度并不是最关键的。即使是粗糙的数模，只需在VRED中进行非常简单的操作，就可以快速地得到一个粗略的光影渲染效果。塑造的数模的形态感觉如何，体量感如何，在日光下面会呈现出什么效果？有时候设计师非常需要在项目早期获得一个感性的认识，这对设计的发展和完善非常重要。

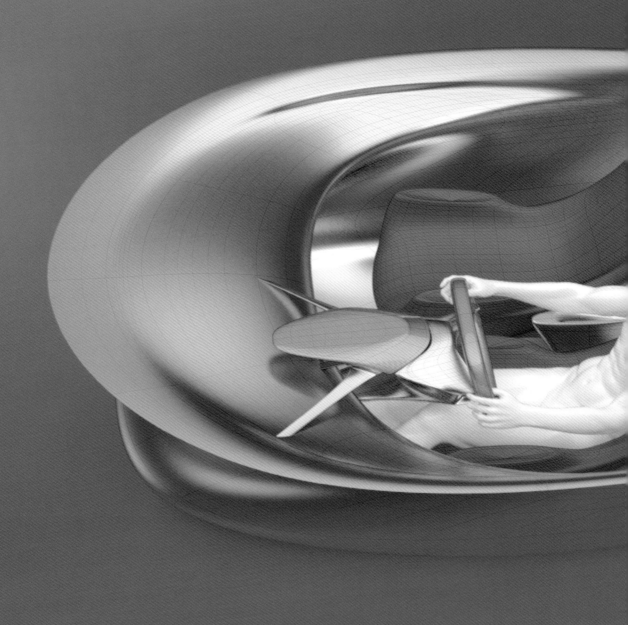

在概念设计初期，虽然数模还没有达到很高的完成度，但是不妨碍设计师进行预渲染以观察和审视。我们并不是为了渲染一个细节丰富的照片级的效果图，而是通过赋予不同的材质让数模呈现出更真实的面貌。通过VRED对物理材质和光感的真实还原，设计师在设计初期即可获得直观的印象。

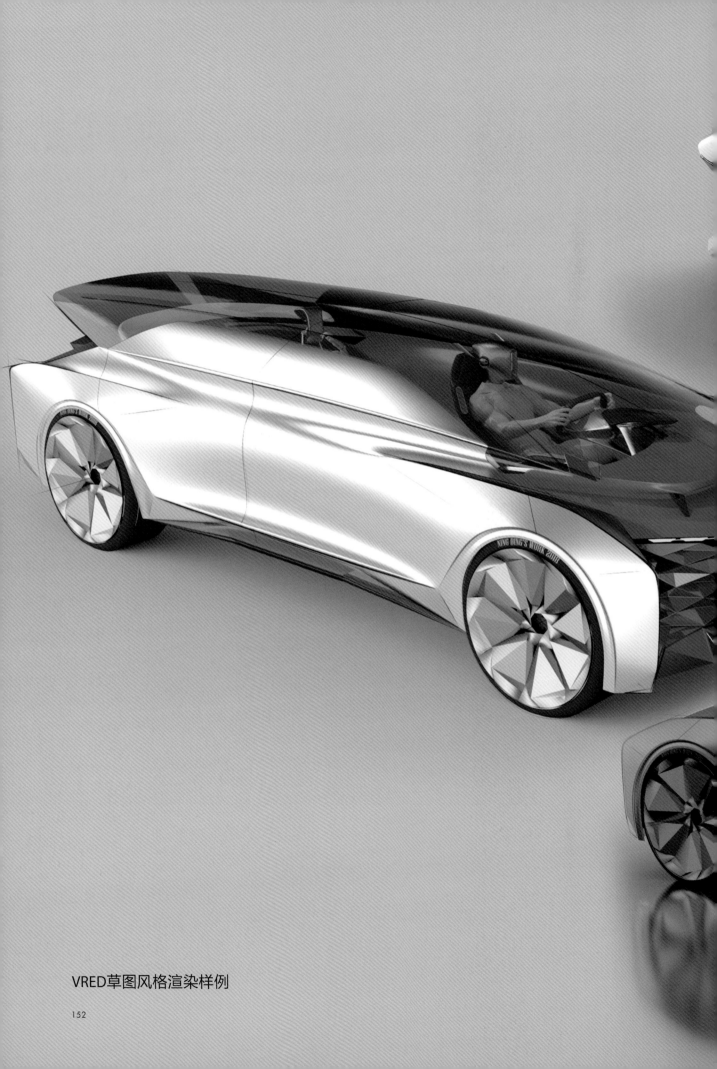

VRED草图风格渲染样例

7.2 Alias 的参数化

ALIAS® AUTOSTUDIO

\+

Dynamo

可以注意到近几年的汽车设计中开始频繁地出现参数化的造型语言。参数化的造型语言首先来源于建筑设计，是工程和几何在三维空间的一种艺术化呈现，能够为建筑设计带来视觉上的韵律感和节奏感。

Autodesk Dynamo Studio 是一种可视化编程工具，用于定义关系和创建算法，可以在三维空间内生成几何图形和处理数据。

Alias内置了Dynamo作为参数化设计的辅助工具，它可以实现造型复杂的结构，功能极其丰富和强大。Dynamo可以帮助设计师和数字模型师基于参数化制作成繁复而充满变化的造型设计语言，并可以实时地进行修改和更新，一方面节省了数字模型师重复的手动操作，另一方面增添了随机性，让设计师在参数的变换当中可以发掘出新的可能性，给设计带来惊喜。

WHEELS AND RIMS

Spoke Shape
Vary the coil length to explore design of each spoke

Organic vs Geometric
Change the spoke geometry from organic to geometric

WHEELS AND RIMS

Twist
Focus the rotation of coils to twist the spokes

Spoke Count
Control the spoke count

扫码看视频

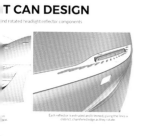

T CAN DESIGN

nd rotated headlight reflector components

Each reflector is extruded and trimmed, giving the lines a
distinct chamfered edge as they rotate.

INTERIOR 2D SURFACE PATTERNING

2D Grid-based patterns with dynamic attractors, on 3D surfaces

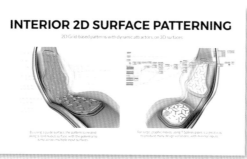

By using a guide surface, the pattern is mapped
along a non-trivial surface with the potential to
jump across multiple input surfaces.

For large, graphic moves, using T-Splines gives is a quick way
to produce many design variations, with diverse inputs.

HOME ASSISTANT

Speaker mesh generated using surface isocurves

LE GRILLE (ADDITIVE)

Fin Thickening

Control for thickness

INTERIOR 2D SURFACE PATTERNING

2D Grid-based patterns with dynamic attractors, on 3D surfaces

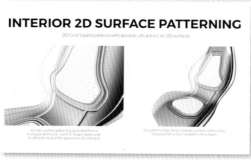

Variable surface patterning generated from a
triangular point grid - each tri-shape rotates with
an attractor to give the appearance of a how grid.

2D pattern wraps across multiple surfaces, with powers
changing from a star cut pattern to a dripple.

PORTABLE BLUETOOTH SPEAKER

Pattern generated using mathematical equations

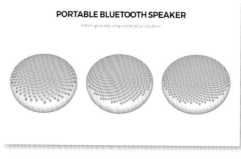

Autodesk Alias AutoStudio 2021   - ConcarN1interiorplanforsketch_0407 : "C:\Users\alias\Documents\Autodesk\Alias\user_data\demo\wire\Concar N1.wire"
File   Edit   Delete   Layouts   ObjectDisplay   WindowDisplay   Layers   Canvas   Render   Animation   VR   Windows   Preferences   Utilities   Help
object   Category   object   Setting window display options

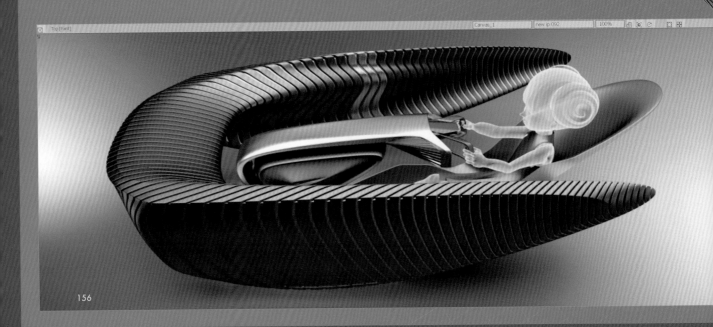

很多设计师对Alias Dynamo参数化还有些陌生，认为参数化只是做一些纹理或者图案的变化。事实上参数化能做到的远不止于此，其会赋予设计师更强大的设计能力。

在现阶段，我们不强求设计师掌握Dynamo背后的编程逻辑，只需要设计师对参数化保留亲切感，有利用Dynamo进行辅助设计的意识，愿意对数字模型师构建好的组件中的关键参数进行调节，并在与参数一来二去的交互中，探索和发现合适的造型语言。

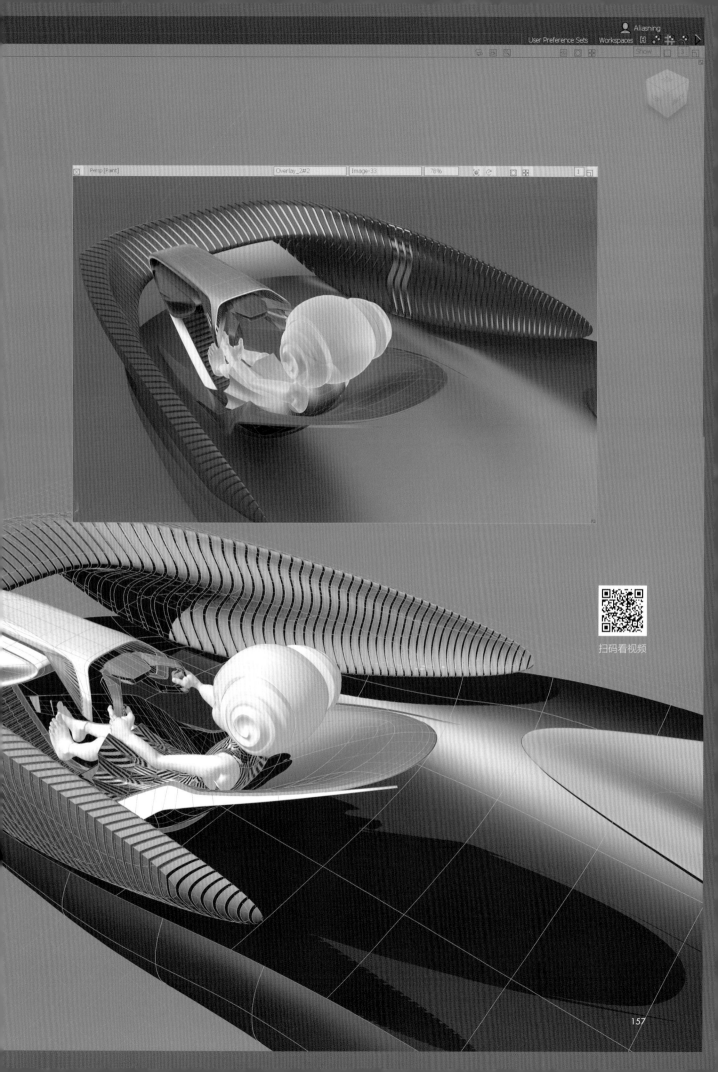

扫码看视频

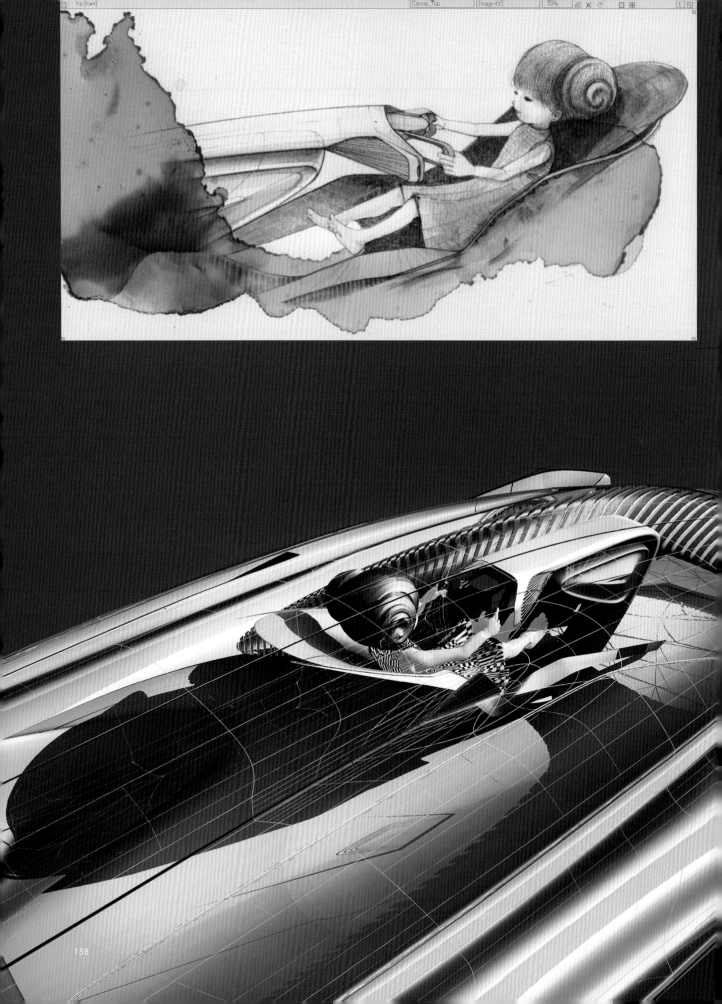

Alias草图风格数模展示（一）

造型局部为Dynamo参数化设计制作

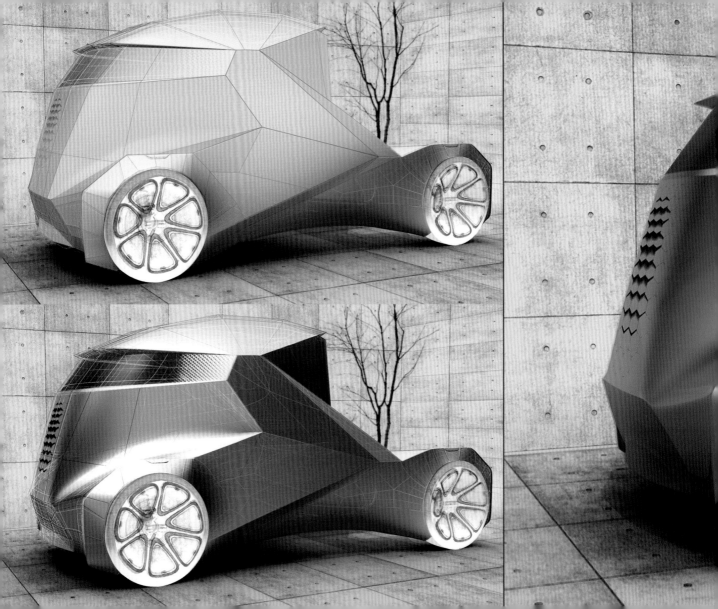

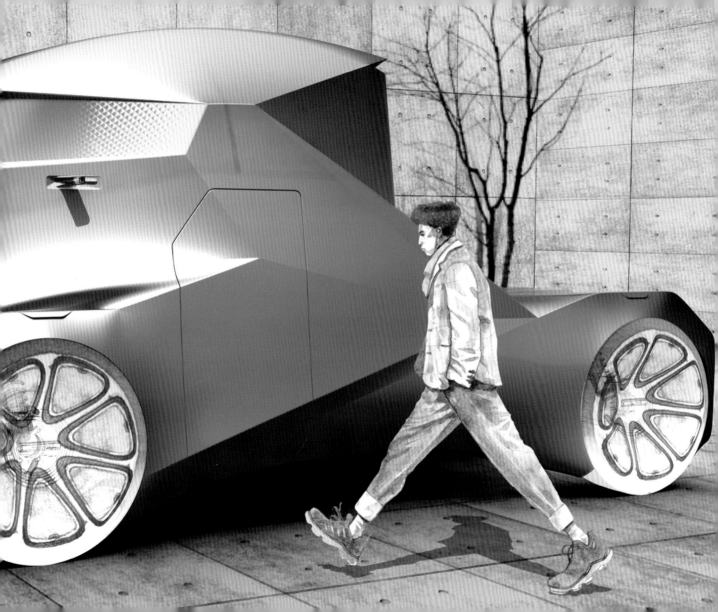

Autodesk Alias AutoStudio 2020.3 Update

File Edit Delete Layouts ObjectDisplay WindowDisplay Layers Canvas Render Animation VR Windows Preferences Utilitie
object   Category   object

Use mouse or enter name of item to pick /unpick: [Le   t Unpick

Create in VR   □
Learn to Create in VR
View in VR   □

Persp [Paint]

7.3 Alias 的虚拟现实体验

Alias的虚拟现实（VR）功能是在2019版本集成进来的，VR 3D Sketch是在2020版本加入的。在Alias中引入VR的意义甚至要大于在后期项目评审中的VR展示。想象一下，设计师在设计的最早期就可以预览到1:1的数字模型，只要戴上VR眼镜就可以穿梭于拥有实际比例的外形或内饰草模，一切都未定型，一切都可以调整，不必等待油泥模型切削好，不必等待所有的设计细节都完善，哪怕只有粗糙的几块关键曲面，模型也可以在虚拟现实世界里呈现出初始的面貌。

如果设计师愿意做全新的尝试，甚至可以用VR手柄在虚拟现实空间内直接绘制三维的线条，拖拽控制点，或者依据空间曲线直接构建三维的曲面，像玩VR游戏一样进行全三维的设计，并且可以将创建好的三维草模直接存储为Alias文件，以方便后面的数字模型师接手。

VR对设计的影响是深远的，虽然目前VR三维设计还不是主流的设计手段，但为设计师们提供了一个全新的设计方式与体验。随着VR/AR技术的飞速提升，未来设计师的工作方式会不会慢慢转移到虚拟现实空间？我们将拭目以待。

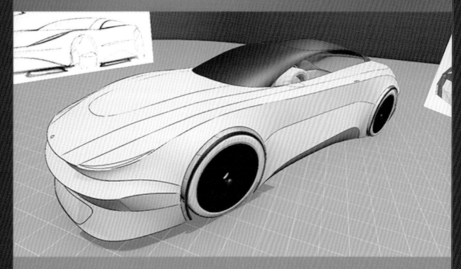

扫码看视频

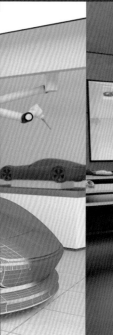

Welcome to CREATE VR

Get started
- Watch this video for key information to get you started.

Learn more about CREATE VR tools and options
- While you work in VR, go to the CREATE VR Help.
- Outside of VR, go to Alias Help.

Windows Preferences Utilities Help

163

第 8 章

Concept Knight 概念设计草案

THE LAST
KNIGHT

本章我们会以一辆概念车"Concept Knight"的草案为例，通过一系列
三维草绘、三维草模、数字胶带图和可视化草模等设计递交物来展示
设计的过程，期间会对前面章节提到的各项技术进行综合运用。

整个设计草案是完全基于三维数模设计的，也就是说在设计过程中
并没有用到类似于纸上草绘、PS绘图、修图等传统技术，而是直接在
Alias中设计，在三维内开始，在三维内进行，在三维内展示并不断完
善。虽然该草案是一个未完成的作品，但其独特的设计工作流和递交
物形式会给大家带来一定的启发。

8.1 全三维设计

之所以可以在Alias中进行全三维的设计，主要得益于Alias SUBD模块。SUBD赋予构建数模以极高的灵活性和自由度，思路所至都可以直接用SUBD全面快速构建表达出来，一边思考一边构建，一边验证一边调整，所见即所得地用三维的造型语言——曲面和曲线直接进行设计。

利用SUBD可以表达任何类型的曲面，无论曲面是过渡平滑的还是边界犀利的，只要造型结构合理，都可以迅速地构建出来，并随时随地地调节。

另外还可以引入三维的胶带图来辅助设计。不一定所有的型面都要制作出来统一调节，有的时候几根"空间胶带"就可以迅速地营造出空间感，并且调控几根曲线的工作量要远远小于调控几组曲面。

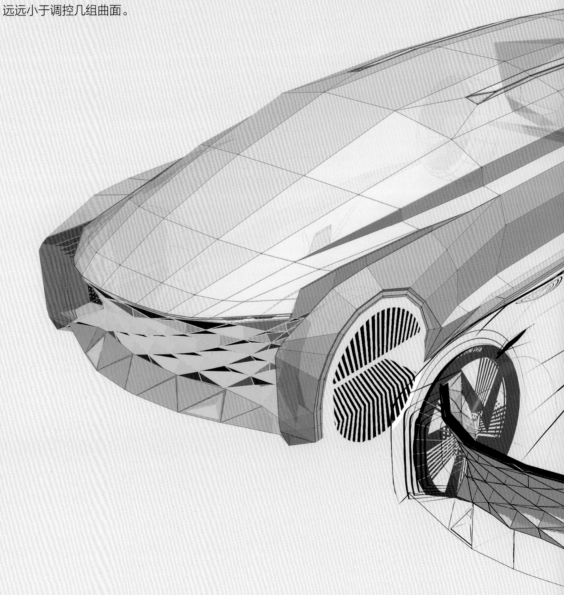

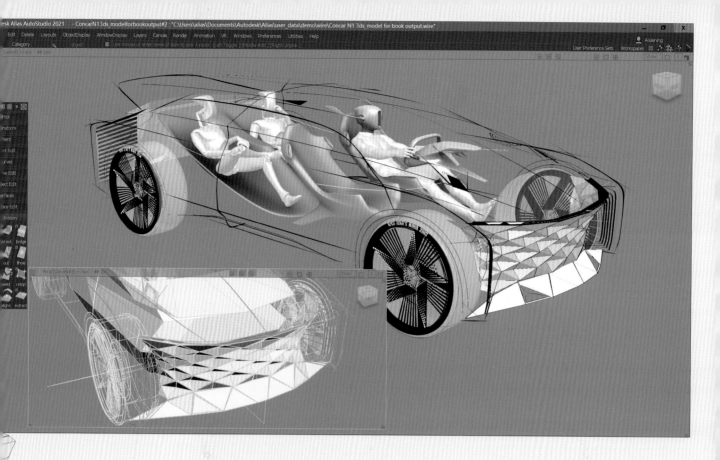

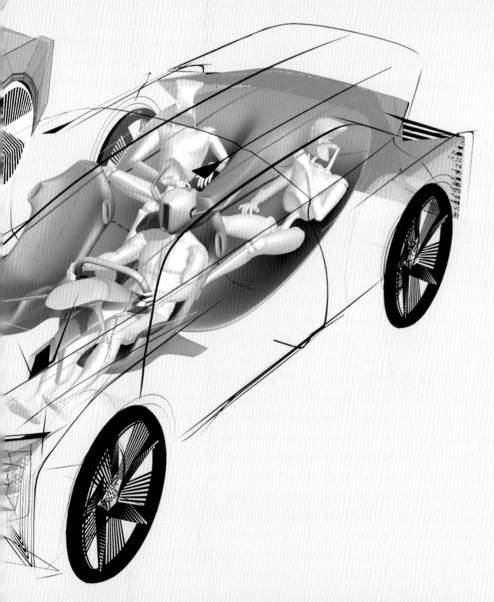

扫码看视频

当构建模型变得容易时，很自然地，设计师会开始尝试多种方案，并很想知道各种方案的渲染效果，这个时候Alias的实时硬件渲染功能就可以帮助实现这些效果。我们也会试图用自定义的、更加有设计感的表达方式去展示方案，这个时候我们发觉自己并不是在建模，而是在画图，当然不是传统意义上的平面绘图，而是三维的草图，虽然它的呈现方式就是三维草模，但这个创造的过程就像是在三维绘图，只不过它的结果是三维形式的草图——数字草模。

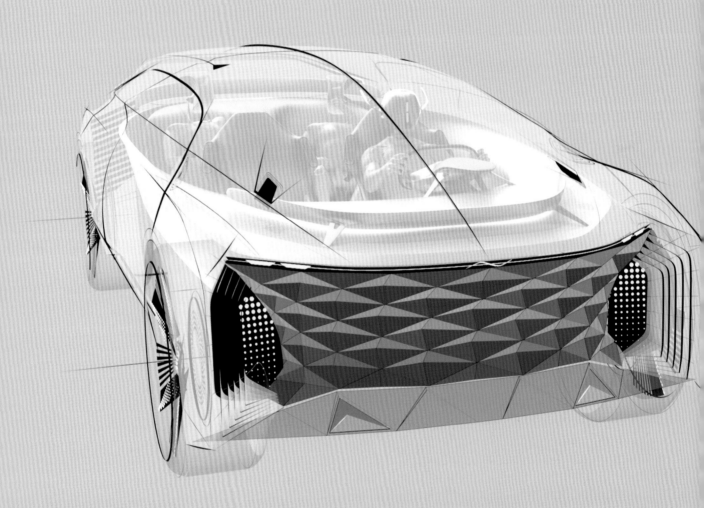

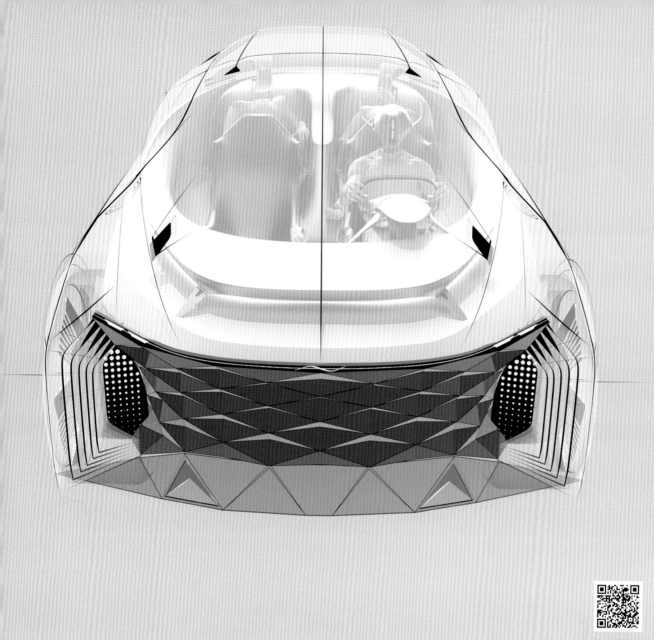

扫码看视频

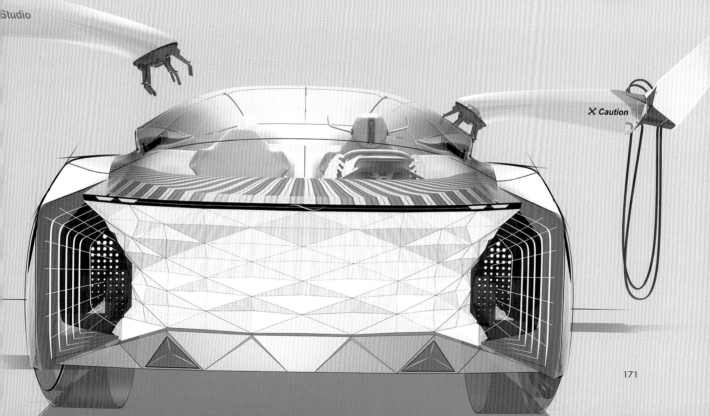

Studio

✕ Caution

8.2 　Alias 三维概念设计草图

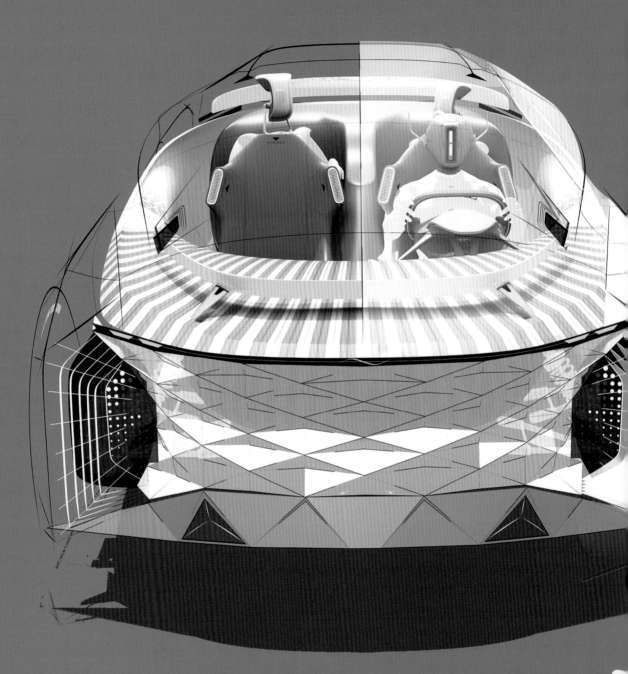

作为设计师，需要始终保证自己的三维草图或者草模是有设计的吸引力的。它首先要一直能吸引自己，吸引自己的注意力，吸引自己不断地去完善它。不要仅仅把它当作一个数模，而是当作一个360°的草图去绘制，用三维的媒介与手段去绘制线条和光影。

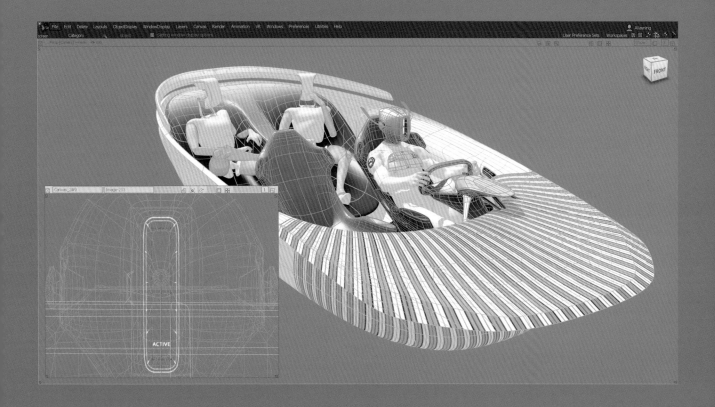

Alias SUBD和硬件渲染就是必备的三维绘图工具，不必在平面绘图软件内花大量时间和
精力去完善一张只有一个视角的效果图，而是用三维的设计工具去绘制有着无穷视角的
三维效果图。

扫码看视频

Alias草图风格数模展示（一）

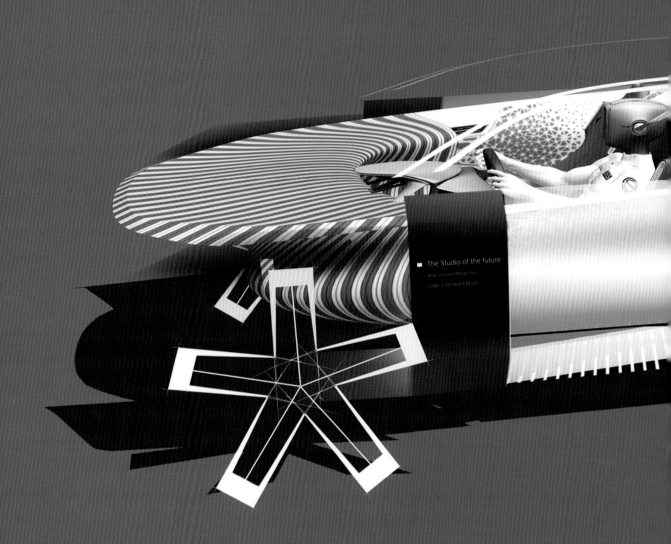

Alias的硬件渲染可以帮助我们展示设计的真实，虽非照片的真实，但它所呈现的视觉效果却更能彰显出设计的主题和特征。

根据设计师个性的不同，每个人都可以打造属于自己风格的表现方式，就像每个设计师都有个人化的绘图风格一样，在三维设计草图或者草模的处理上，设计师也有着极大的自由度。

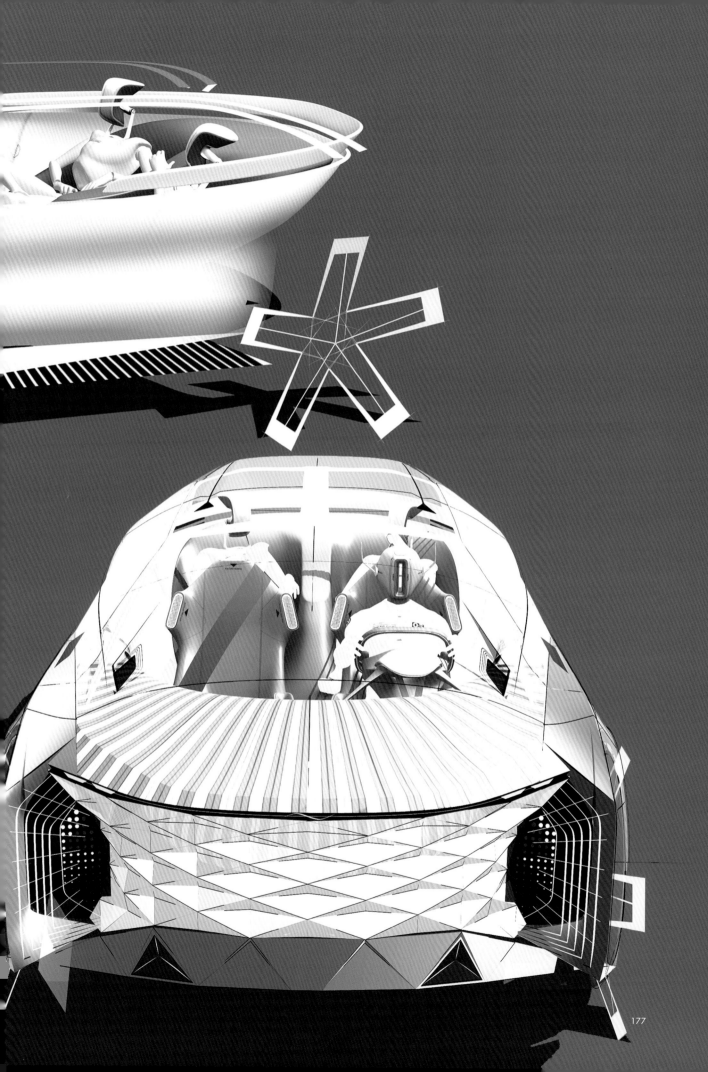

扫码看视频

Alias草图风格数模展示（二）

8.3　VRED 的介入

当你手中有了Alias的三维草图模型之后，就可以直接把它导入VRED中去，在VRED中你可以更加专注于模型的可视化渲染处理。VRED是一个专注于再现物理真实和虚拟现实评审的可视化平台，同时也是非常强大的设计可视化渲染利器。

扫码看视频

虽然方案还处在概念设计的早期，但并不妨碍我们通过草渲来获得一个感观上的意象。事实上这个意象非常关键，方案的初始设计和三维草模制作出来了，但它最终会是什么样子？在现实世界里可能会是什么样子？

那么这个粗糙的渲染是给谁看的呢？我们当然可以把它渲染出来作为效果图输出进行评审，但事实上这个初期的草渲就是为了给我们自己看的，可视化渲染的第一服务对象就是设计师本人。展示给别人看是其次，首先是要展示给自己看，你的设计长什么样？有没有吸引你？你喜欢自己的设计吗？它能让你眼前一亮吗？设计必须能够打动设计师本人，这是第一位的。

在VRED中进行可视化渲染不只是为了出图，它的首要目的是设计，在可视化场景中做设计，评审即是设计。看出了问题，就是在做设计；看出了灵感，就是在做设计。所以，不要把VRED仅当作一个渲染器，而是要把它当作设计过程中重要的一环，很多新的想法和修改都是基于这一环的反馈而得出的。

8.4 Alias 与 VRED 联动设计

在VRED中同样可以制作三维的效果图，例如下面的这张草图，这只是VRED实时渲染过程中的一个角度的截图，但这样的图的表现力已经足够可以用于设计评审了，它丝毫不逊于一张精雕细琢的PS效果图，而且不必让设计师浪费时间在路径的勾勒和选区的填充上。其是三维的设计递交物，草图是立体的，光影是随时随地可以变换的，如果你愿意，还可以戴上VR眼镜走进这张草图，环绕着它走上一圈，这是传统的二维设计草图所不能提供的体验。

可视化不仅仅属于少数可视化专家，可视化属于每一位设计师。一旦我们开始了三维设计的流程，势必会走到三维可视化设计这一关键节点。Alias的三维草绘模型刚刚出炉，你难道不想马上渲染出来，看看设计是否如你所想，效果到底如何吗？

只需要为数不多的几步操作，简单设置一下材质，调整一下环境，然后开启实时光线追踪，稍作等待之后，一张光影绚烂的效果图就出炉了。

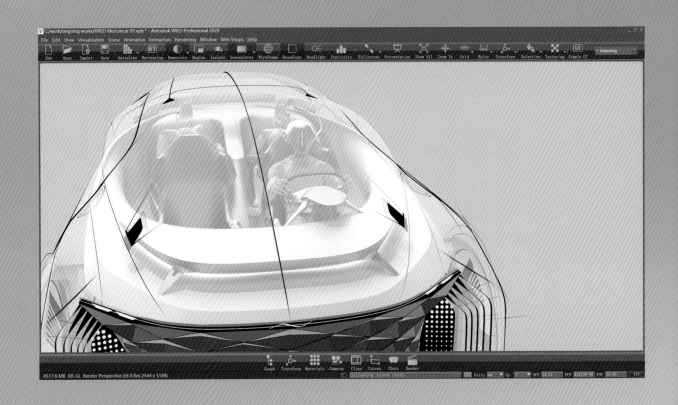

通常将Alias和VRED联动使用的一个重要原因就是可以根据评审的状态随时随地地更新数模。在实时渲染状态下能看出很多设计方面的问题或者激发出新的灵感来，这个时候就要求我们迅速地在数模上面调整，这时Alias SUBD的模型的优势就显现出来了，型面调整或构建起来非常快捷，而与VRED的实时联动也使得数模的变化可以即刻在VRED当中更新，所见即所得。

这也是为什么我在平时设计的时候经常保持Alias和VRED是同时开启的。VRED中实时光线追踪的效果会引领我们不断地对设计进行修正，Alias SUBD技术又使得这些修正能在最短的时间内完成。数模的不断完善，细节的不断增多，也推动着整体设计不断深化，展示质量不断提升，从而形成一个完整的"设计-可视化"链条。

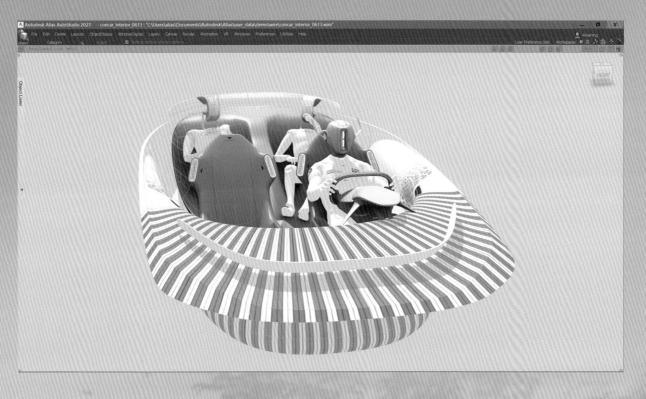

191

要直接用三维去做设计而不是建模，就要用三维的语言来帮我们做设计。
建议设计师先用Alias SUBD塑造想要的特征线和型面，直接在型面上推敲
和尝试，寻找新的可能性，新的造型语言往往就在这推敲当中产生了。然
后在VRED当中呈现设计的意象，根据看到的意象随时随地地调整设计，在
一来二去的调整过程中，设计方案也在不断地被完善，同时设计技能也在
不知不觉中提升了。

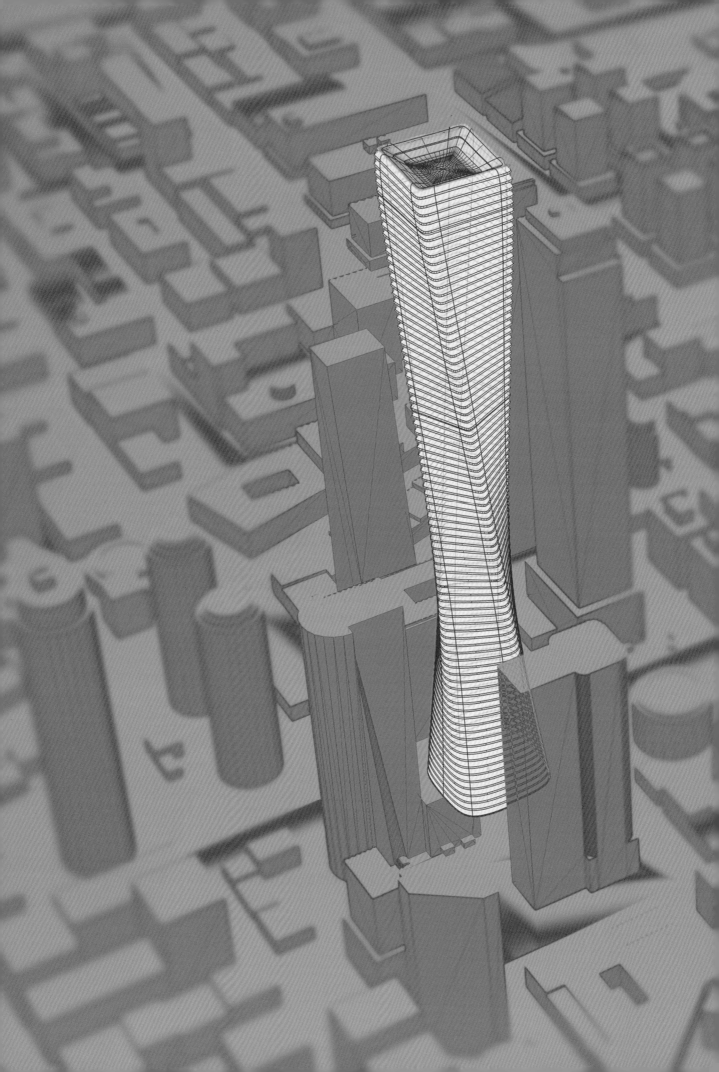

第 9 章

Alias 建筑外形概念设计初探

9.1 曲面建筑外形设计

让我们再把视线投向建筑设计。在现代建筑作品中，异形建筑或者曲面建筑的方案开始不断涌现，这些作品拥有流畅的线条，大胆的结构，优雅大气，动感流畅。事实上，建筑形体作为一种典型的抽象符号，节奏与韵律是体现其形式美的重要组成部分，其形态自古就有传达精神情绪的功能，而曲面建筑的形态可以传达出更为丰富、更加强烈的精神情感。

对大尺度的建筑体设计来说，地形划分的不规则会造成异形的场地，异形的场地也会要求建筑的造型与之相匹配。而从小尺度的建筑单体来看，光照的需求、风与环境等对建筑的形体会产生影响，外立面会有切削、扭转的造型变化。尤其对于综合体建筑内部，人的丰富动线也会要求建筑的内部空间呈现丰富的变化，从而由内而外地反映到外立面的设计，形成异形建筑。

随着现代建造技术的不断提升和新材料的不断涌现，全新的建筑设计语言和创新的空间结构呼之欲出。借由三维曲面建模和BIM技术，乃至参数化的应用，建筑设计师可以创造更为丰富的建筑空间结构，建筑的形态会变得更生动，曲面空间结构会被赋予更多的可能性。

对于造型空间相对复杂的曲面或异形建筑方案来说，建筑设计师仅仅依靠传统二维平面绘图的方法可能就捉襟见肘了。设计师有必要掌握一定的三维设计手段，对项目的三维结构、项目信息在前期设计时就要了然于胸，利用二维与三维相结合的方式进行创意，在二维草绘与三维数模的互动中探索和发现创新的造型语言。

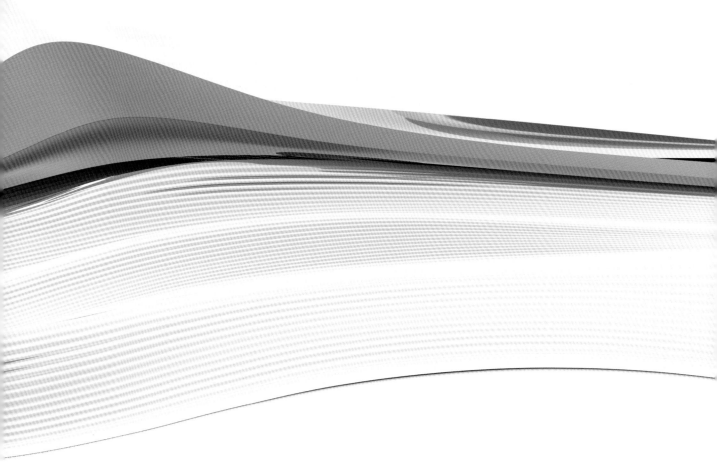

9.2 Alias 建筑概念设计优势

Alias SUBD 草模拓扑   Alias SUBD 草模线框

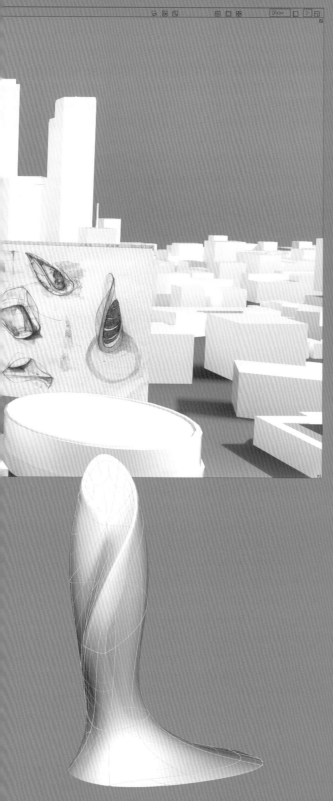

如前面几章所介绍的，Alias得天独厚的二维与三维集成的工作环境，可以让建筑设计师的工作方式不再局限于二维平面上的推敲，而是真正地在三维空间内释放自己的创意。

建筑设计师有必要在项目一开始就统揽全局，尽可能多地获取地形地貌、周围环境、关键尺寸等关键信息，基于这些信息进行内外部的造型创意，立体地看到建筑环境的全貌，切换各个角度去畅想和分析，同时用Alias SUBD快速构建草模，实时地观察草模的型面结构变化，并不断修正调整草模状态。

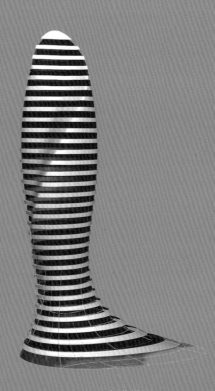

Alias SUBD 草模实时渲染

Alias NURBS 细化模型

结合Alias的硬件渲染，设计师可以身临其境地在三维空间内进行探索，随时随地调用地形信息、工程信息，自由发挥创意，却又能随时注意约束，"戴着镣铐跳舞"。这并不是在建模，而是在用三维的设计语言去推敲，去畅想。

每一块型面、每一个转折、每一根线条都由设计师亲自创建和把控，不管建筑体本身体积有多大，我们都能对它的空间结构了然于胸，并实时做出调整，甚至可以戴上VR眼镜，马上步入虚拟的三维世界去观察和体验，这就是数字设计赋予我们的能力。

扫码看视频

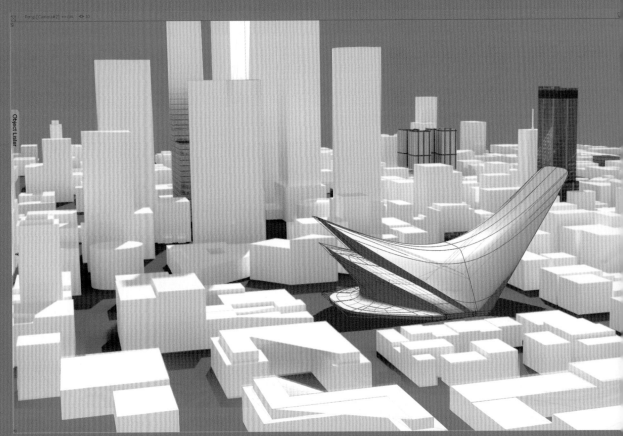

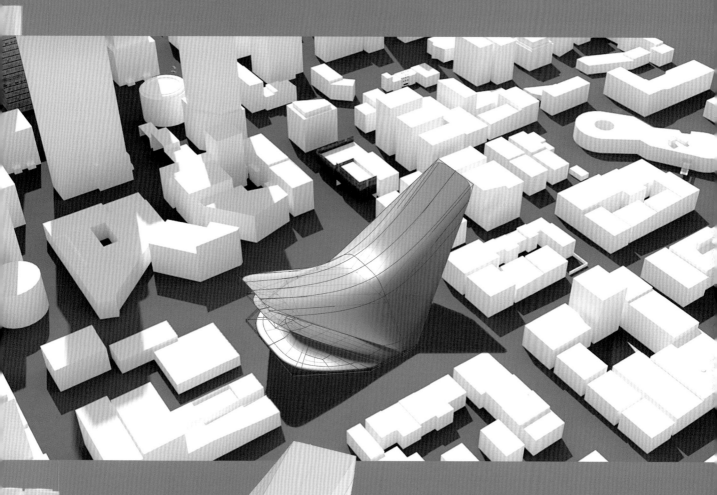

扫码看视频

Alias SUBD建筑概念设计草模示例（一）

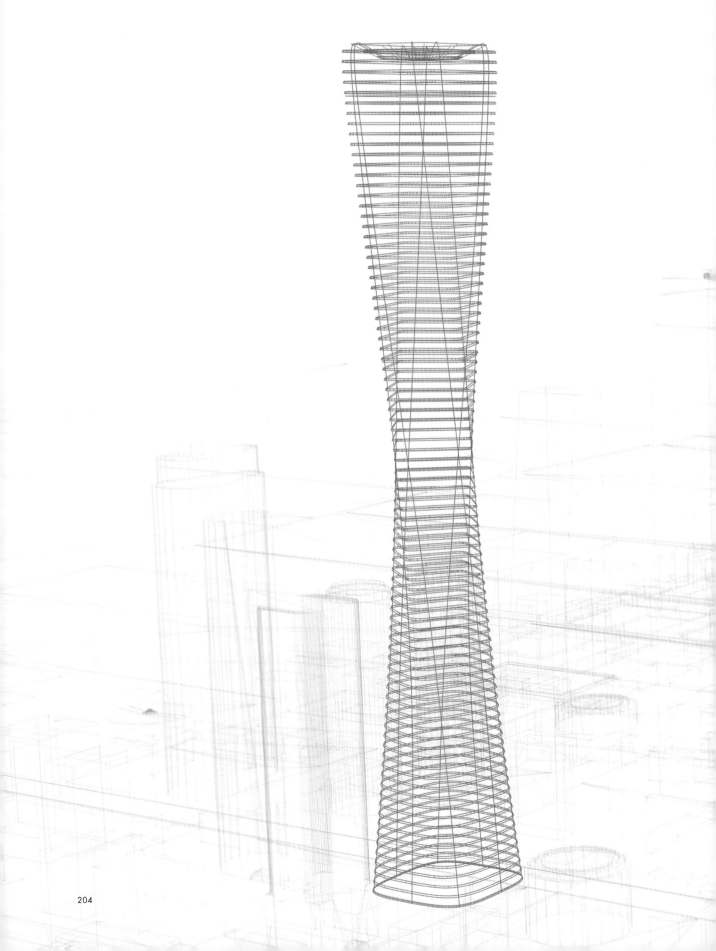

+

Dynamo

集成在Alias内部的Dynamo插件可以帮助设计师完成繁复的参数化设计。在调整参数的同时变换模型，可实时看到复杂的设计即时发生了变化，像凝固的空间的交响乐一般在眼前徐徐展开。有时一些参数的随机变化会带来意外的惊喜，进而引导设计师发现更好的创意，这些创意将伴随着数模一起实时地出现在设计师眼前。

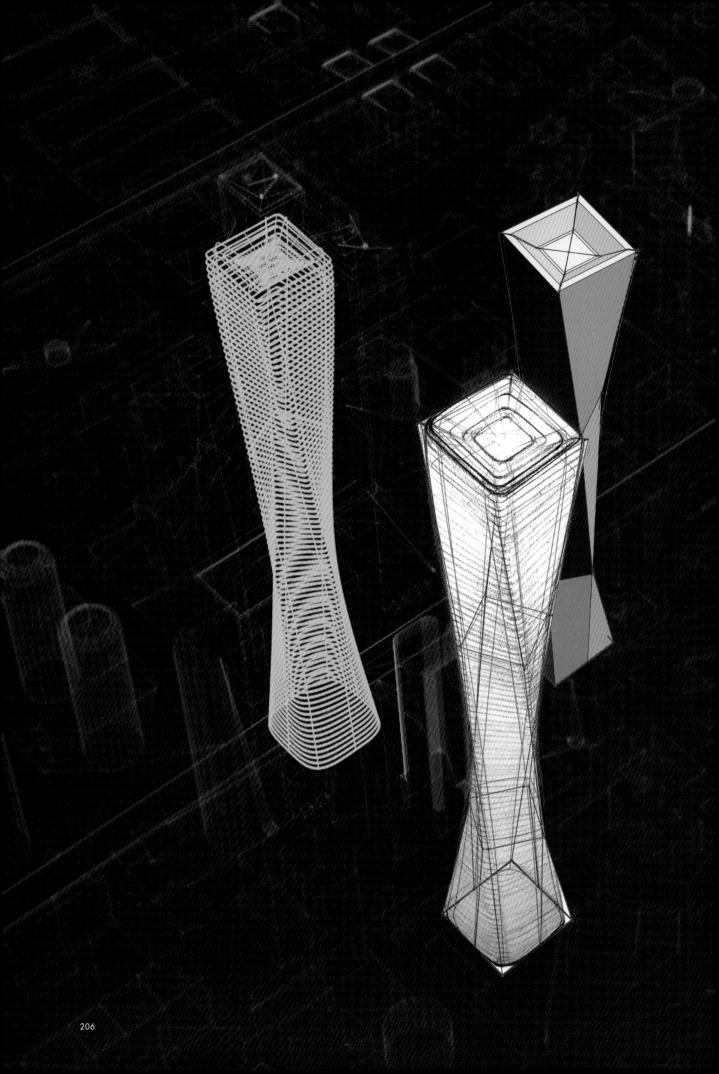

下面我们将介绍如何利用Alias Paint二维三维草绘模块、SUBD细分曲面建模模块和Dynamo参数化模块完成一个单体建筑的概念设计。

首先在Alias内部导入关键的参照信息，如地形地貌、周边的环境信息、目标建筑的尺寸范围等。从一开始就对这些约束了然于胸。

接下来开始勾画草图。与在纸上绘制草图不同，我们选择直接在Alias内部结合三维的输入信息进行方案草绘，无论是正交还是透视，一边切换不同的视角，一边在各个角度留下概念草图。这个时候我们不必拘泥于画出完善的设计图，这是一个寻找和探索的阶段，初期的方案可能不够成熟，但经过不断的思索、推敲、捕捉，好的方案会渐渐浮出水面，随之在三维空间内呈现出它的面貌。

随后利用SUBD细分曲面模块快速地构建草模。Alias SUBD模块将三维建模的门槛降到了最低，任何形态、任何结构都可以通过简单的构面创建出来。更重要的是创建的是一个动态的模型，随时随地都可以进行调整、变化，直至达到预想的形态。

在一些需要用到参数化的地方，我们可以通过Dynamo可视化编程辅助设计。在本案例中，我们甚至可以将所有的设计节点参数化，包括大楼的高度、层高和层数，截面的形状，旋转的角度等。根据设计的意图，整个建筑模型都可以转化成为全参数化的数字模型，有了这个模型，设计师可以通过参数的调整，实时地变换方案的形态，甚至挖掘出超过预期的全新创意。

扫码看视频

设计初期草案的可视化非常重要，有了Alias的草模以后，我们可以随即导入VRED中进行快速的可视化渲染。简单调整材质，设置环境，开启实时光线追踪之后就可以马上看到实时的照片级的效果了。设计方案在真实的日光下是什么样子？阳光下建筑的投影又是什么样子？整体感觉怎么样？人行走在建筑内部和外部会看到什么？

早期的设计可视化对于方案设计同样非常重要，设计师有必要在设计初期就获得直观的可视化体验。当设计师戴上VR眼镜，走近甚至走进自己还在推敲的设计作品时，这些可贵的体验会直接影响设计方案的走向。可能你会发现设计中有各种不合理的或是没想到的地方，不用担心，别忘了这是用Alias SUBD制作的三维草模，任何修改都不会耗费太长时间，在Alias里面修改好，直接在VRED中更新一下就可以再次评审了。通过不断的设计迭代，成熟的设计方案就这样慢慢成形了。

扫码看视频

FRONT

Alias SUBD建筑概念设计草模示例（二）

扫码看视频

写在最后的话

在这个时代，几乎所有的事情都被打上了数字化的印记。与我们密切相关的设计工作流更是将数字化贯穿到底，数字草绘、数字建模、VR技术、人机交互、3D打印、衍生式设计正在潜移默化地影响着我们的习惯，进而影响着整个行业 。而所有这些新技术都需要基于一样特别重要的东西，那就是三维数据。

传统设计师的技能在新的数字化大潮下也在悄然发生着改变，无论你是汽车设计师、工业设计师，或是建筑设计师，甚至是UX设计师，都是时候开始将自身的技能从二维拓展到三维了。

"用Alias去设计，而不只是建模"是本书要传达给大家的最重要的信息。Alias本身会不断地更新换代，工具也会不断推陈出新，但其设计的基因不会变。让设计师们用最简洁高效的、最能体现个人特性的工作方式去设计，并始终确保递交物工业级的输出，是Alias一直努力的方向。

所有的软件都是工具，而所有工具都是人的能力的延伸，没有人会拒绝增强自身的能力。学习任何工具都是要花费时间和精力的，但我相信Alias值得设计师去学习和了解。直到现在，我仍然在尝试完全掌握Alias，从草图做到A面的野心也仍然存在着，也还在不断实践，希望能做出满意的作品来，毕竟好的作品才是我们所追求的。

到这里我们本次的Alias三维设计之旅就告一段落了，感谢您的陪伴，希望本书的内容能带给您一定的启发，我们下次再见。